Satelliten Antennen

Peter Röbke-Doerr   Ulrich Hilgefort

Gut auf Empfang
Satelliten
Antennen
installieren und ausrichten

Inhalt

Allgemeines über Satellitenfernsehen

Nachrichtensatelliten sind eigentlich nichts anderes als sehr hohe Sendetürme. Schon früh erkannten einige Pioniere der Raumfahrt den Wert dieser künstlichen Himmelskörper für die irdische Nachrichtentechnik. Doch erst in den letzten Jahren hat Fernsehen per Satellit in den Alltag Eingang gefunden.

Warum überhaupt Satelliten- fernsehen?

Warum ist ein technisch so aufwendiges Verfahren wie das Satellitenfernsehen überhaupt nötig? Immerhin muß mit erheblichem Aufwand eine Rakete gebaut und gestartet werden (das gelingt nicht immer problemlos), die einen genau definierten Punkt über dem Äquator erreichen und dort den Satelliten aussetzen muß. Wenn man die Kosten dafür zusammenrechnet, könnte man für soviel Geld doch besser eine Menge Fernsehsender bauen, oder?

Der Schritt zur Satellitentechnik hat mit physikalischen, unabänderlichen Gesetzen zu tun. Erstens beansprucht ein Fernsehsignal eine sehr große Bandbreite – diese Tatsache wirkt sich auf die Belegung der Frequenzen aus –, zweitens sind die fürs Fernsehen nutzbaren Sendefrequenzen auf der Erde bereits belegt (und überbelegt), und drittens verhalten sich Sendesignale mit steigender Frequenz immer mehr wie das Licht, wir sprechen deshalb vom quasioptischen Verhalten der Radiowellen.

Außerdem ist das Spektrum der zur Verfügung stehenden Sendefrequenzen beschränkt; es reicht entweder für viele schmalbandige oder einige wenige breitbandige Sender aus. Wollte man in den niedrigen Frequenzbereichen (bis rund 5 MHz) einen einzigen Fernsehsender unterbringen, müßte man die Langwelle, die Mittelwelle und weite Teile der Kurzwellenbänder mit ihrer Vielzahl von Radiosendern freiräumen für ein einziges Fernsehsignal. Im Klartext: Zusätzliche Fern-

sehprogramme lassen sich erst bei Nutzung der höheren Frequenzbereiche ausstrahlen. Bis zur Einführung des Satellitenfernsehens reichte der für »normal Sterbliche« benutzbare Frequenzbereich bis ans obere Ende des UHF-Fernsehbandes IV-V, also bis etwa 800 MHz. Für den darüber beginnenden Mikrowellenbereich stand nur eine schmale Palette von geeigneten und bezahlbaren Bauelementen zur Verfügung, und das Wissen um die Handhabung dieser Frequenzen war nur in wenigen spezialisierten Firmen präsent. Erst mit der Einführung des Satellitenfernsehens änderte sich dieses Bild, denn damit war ein Schritt zu einem nennenswerten Zuwachs an nutzbaren Frequenzen getan.

Natürlich ist es bei höheren Trägerfrequenzen im Mikrowellenbereich leichter, ein breitbandi-

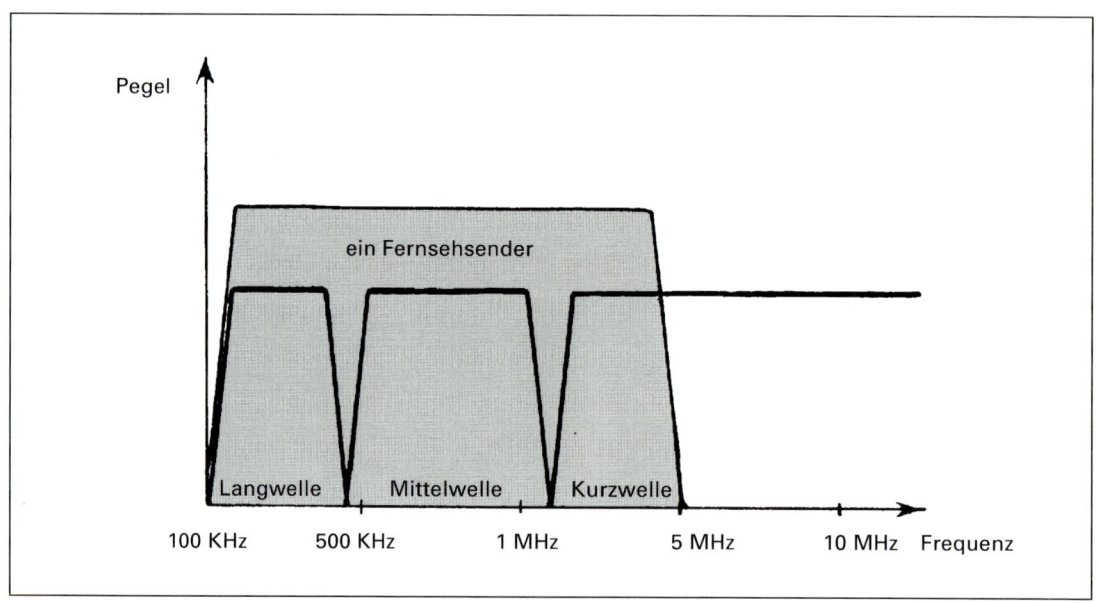

Einige hundert Lang-, Mittel- und Kurzwellensender müßten ihren Betrieb einstellen, wenn man in diesem unteren Frequenzbereich ein einziges Fernsehsignal übertragen wollte

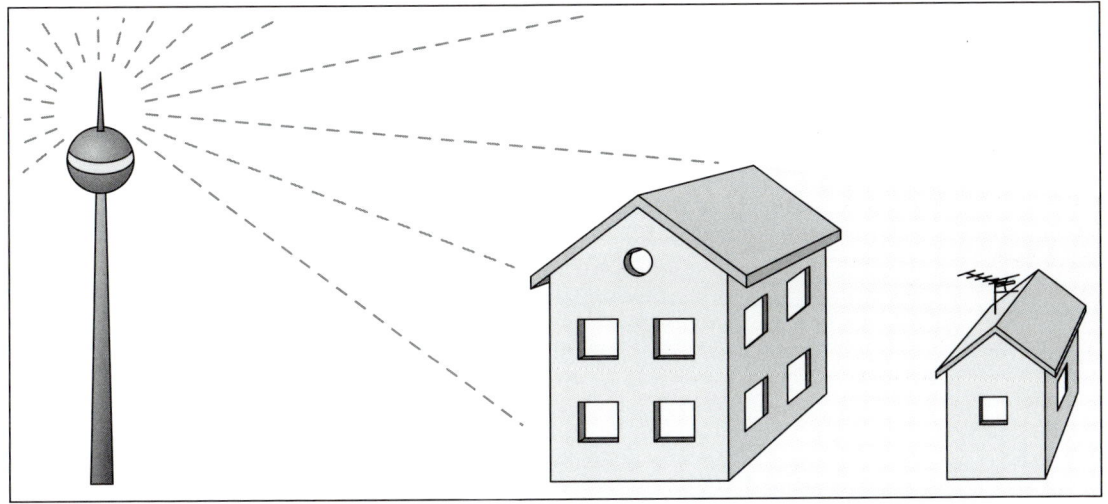

Mikrowellen breiten sich wie sichtbares Licht – »quasioptisch« – aus. Steht den Wellen etwas im Wege, ob Baum, Haus oder andere, »undurchsichtige« Objekte, ist grundsätzlich kein Empfang möglich

ges Signal unterzubringen. Nur kommt dabei eine Eigenheit der Radiowellen zum Tragen, die schon erwähnt wurde: ihr quasi-optischer Charakter. Mit steigender Frequenz nähern sich das Ausbreitungsverhalten und überhaupt alle wesentlichen Eigenschaften von Mikrowellensignalen denen des Lichts. Sie bewegen sich geradlinig vom Sender weg, um in alle Richtungen abzustrahlen. Mit einer Richtantenne – einem Scheinwerfer vergleichbar – bringt man die Mikrowellen zu einem gerichteten Abstrahlverhalten.
Eine Funkverbindung zwischen Sender und Empfänger kommt aber nur zustande, wenn ein optischer Sichtkontakt besteht. Massive Hindernisse wie Bäume und Häuser, aber auch Dachziegel verhindern jede Mikrowellenverbindung nachhaltig, sogar eine normale Fensterscheibe wirkt sich bereits empfangsverschlechternd aus – ein Effekt, der bei den

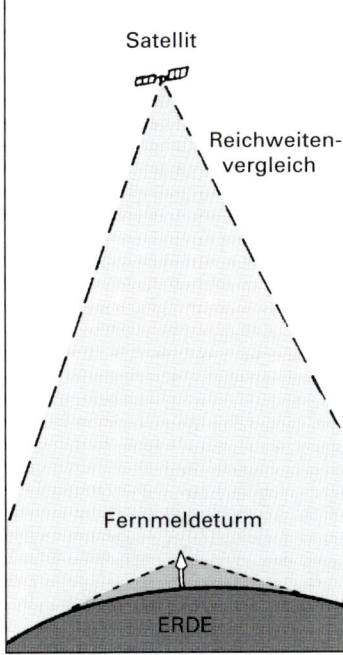

Fernsehsender nehmen am besten einen möglichst hochgelegenen Standort ein, um viele Empfänger zu erreichen. Geostationäre Satelliten erfüllen diese Forderung ideal

herkömmlichen, hinlänglich bekannten Radiostationen gar nicht in Erscheinung tritt. Wollte man also beispielsweise in Deutschland mehrere neue Fernsehprogramme mit, auf der Erdoberfläche aufgebauten Sendern ausstrahlen, so würde es nicht ausreichen, auf den vorhandenen Fernsehtürmen zusätzliche Sendeantennen zu installieren. Obendrein müßten etliche neue Türme errichtet werden, damit zu jedem potentiellen Empfänger eine direkte Sichtverbindung besteht. Hochhäuser, Hügel, selbst der gut belaubte Apfelbaum des Nachbarn würde jeden Empfang unmöglich machen.
Je höher ein Sender steht, um so mehr Antennen haben freien Sichtkontakt zu ihm. Der prinzipielle Ausweg aus dem Dilemma verlangt also nach entsprechend hohen Sendetürmen. Doch die sind in herkömmlicher Bauweise aus Beton und Stahl nicht mehr zu realisieren.

Vom Sputnik zu Kopernikus

All diese Überlegungen führten schon frühzeitig zu der Erkenntnis, daß ein Satellit in einer Höhe von einigen tausend Kilometern über der Erde ein idealer (Fernseh-)Sender sein müßte. Die praktische Durchführung scheiterte jedoch bis Ende der fünfziger Jahre daran, daß man die Sendeelektronik nicht kompakt genug bauen konnte und daß noch keine leistungsstarken und sicheren Raketen zur Verfügung standen, um den Sender problemlos ins All zu transportieren.

Erstmals gelang es 1957, einen kleinen russischen Satelliten mit einem Sender an Bord in die Umlaufbahn zu bringen. Dieser erste künstliche Erdtrabant sendete allerdings lediglich ein schwaches ungerichtetes UKW-Signal im Sekundentakt aus. Von Nachrichtentechnik konnte also nur bei wohlwollender Betrachtungsweise die Rede sein.

Drei Jahre später gelang den Amerikanern der Start des ersten aktiven Nachrichtensatelliten; er trug den Namen *Courier 1* und diente vermutlich militärischen Zwecken (wie eigentlich zu der Zeit alle Satelliten, die öffentlich keinen sichtbaren Nutzen zeigten).1962 wurde der erste kommerziell nutzbare Fernsehsatellit namens Telstar eingeweiht. Er flog jedoch auf einer so ungünstigen Bahn um die Erde, daß seine Dienste nur zeitweise – für Minuten oder Stunden – in Anspruch genommen werden konnten. Bereits *Early Bird* (Start 1965) dagegen lag auf einer geostationären Umlaufbahn, befand sich also von der Erde aus gesehen immer an der gleichen Stelle. Er gilt als Urahn unserer modernen Fernsehsatelliten.

Damals benötigte man zur Übertragung einer Fernsehsendung von Amerika nach Europa wahre Ungetüme von metergroßen Parabolantennen, heliumgekühlte Vorverstärker, schließlich ein gut eingespieltes Team von hochqualifizierten Ingenieuren, die diese Technik aufbauten und ohne Störungen in Betrieb hielten, bis die Übertragung gelaufen war – zu damaligen Zeiten eine Pioniertat, die im laufenden Fernsehprogramm besonders erwähnt wurde.

Im Laufe der Jahre kamen immer mehr Nachrichtensatelliten hinzu, so daß man nicht nur Fernsehsendungen, sondern auch private Telefongespräche oder Börsenmeldungen über die Weltraumkanäle schickte. Nachdem man die Raketenstarts soweit in den Griff bekommen hatte, daß die »Trefferquote« oberhalb der 50-Prozent-Marke lag, entwickelte jede Nation den Ehrgeiz, einen eigenen Satelliten zu besitzen. Anfangs waren dies reine Nachrichten- oder Verteilsatelliten, die entweder von der jeweiligen Regierung oder von einer beauftragten Behörde be-

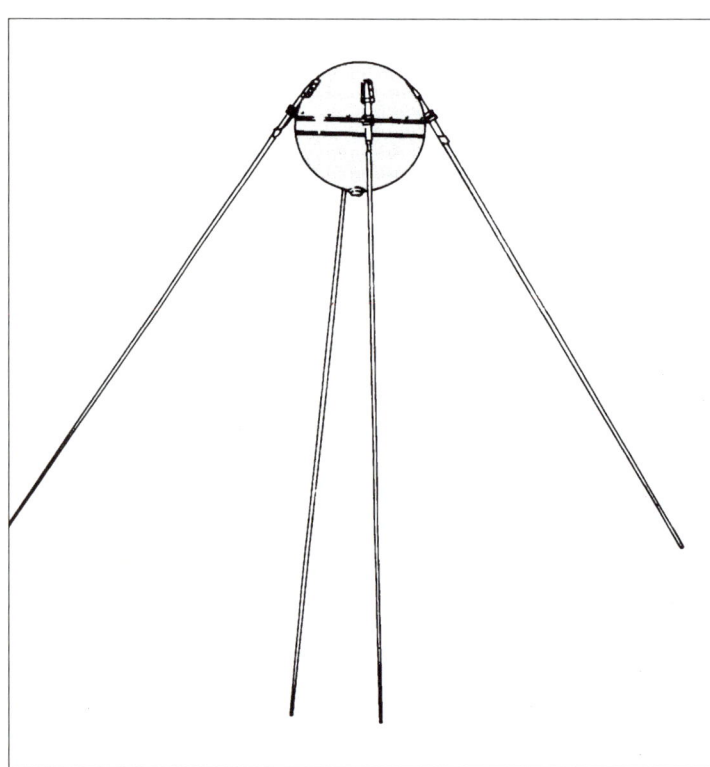

Mit dem Start des ersten künstlichen Erdtrabanten *Sputnik* am 4. Oktober 1957 hatten die Russen den Startschuß für die Eroberung des Weltraums gegeben

trieben wurden. Senden zum Satelliten (Uplink) wie das Empfangen (Downlink) auf der Erde war für Privatpersonen nicht nur verboten, sondern auch so teuer, daß sich nur kräftig subventionierte Firmen im staatlichen Auftrag damit beschäftigen konnten.

Doch die Europäer verdarben den Amerikanern nach und nach beim Transport von Nutzlasten in den Weltraum die Preise: Die selbstentwickelte Rakete Ariane transportierte das Kilogramm Nutzlast sehr viel billiger nach oben als vorher die US-Raketen. In kurzer Zeit reihten sich infolgedessen die Satelliten aneinander – wie eine Perlenkette über dem Äquator.

Die Übertragung einer Fernsehsendung von Kontinent zu Kontinent erforderte früher einen erheblichen Aufwand

Eine Ariane auf der Startrampe in Kourou

So sah die Montage einer der
»illegalen« Schüsseln aus den
Anfangsjahren des Satelliten-
empfangs aus. Schüssel und
Downkonverter wurden im
Ausland gekauft

Fernseh-Fachhandel, im Baumarkt oder beim Elektronik-Ver-
sand kaufen.

Mit der Zeit hat der Satellitenempfang zwar einige seiner
technischen Probleme, aber
nichts von seiner Faszination
verloren. Aus dem Orbit kommen heimische und fremdländi-
sche Fernseh- und Radioprogramme ins Haus. Ob deutsch-
sprachig, europäisch oder ame-
rikanisch – Sender aus aller
Herren Länder strahlen ihre
Programme über die im Weltall
positionierten Relaisstationen
aus und machen Sprache und
Kultur ihres Landes weit jen-
seits der eigenen Grenzen bekannt.

Dank der weitgehend unabhängigen Sendetechnik entziehen
sich die Satelliten den oft ehr-
geizigen Kontrollversuchen
mancher Institutionen. Das hat
Nachteile, wenn ein Porno-Sen-
der gegen Gesetze des Em-
pfängerlandes verstößt. Und es
hat Vorteile: Den Satelliten
kann man kaum zensieren.
Das zeigt sich beim deutschen
Fernsehen, wenn Sendungen
einer ARD-Anstalt nicht über
das terrestrische Sender-Netz
einer anderen Anstalt verbreitet
werden, weil z.B. den Bayern
die Inhalte des »Nordlicht-
senders« nicht behagen.

Die sogenannte »himmlische«
Programmvielfalt hat also
durchaus ihre politischen Seiten. Uns soll es aber hier um
die Technik gehen – nicht um
die Politik.

Die Pioniere jener Zeiten ver-
wandelten die Verteilsatelliten,
die per Definition eigentlich
nur zum Verteilen diverser Programme auf die Kopfstationen
der Kabelkanäle gedacht waren, durch Weiterentwicklun-
gen der Empfangsgeräte in ille-
gale Direktempfangssatelliten.
In den USA kamen neue Gal-
lium-Arsenid-Transistoren auf
den Markt, die zuvor nicht ge-
kannte Empfangsleistungen im
Mikrowellenbereich ermöglich-
ten. Mit diesen Transistoren

ließ sich die übliche Schüsselgröße von 4 m Durchmesser
auf 180 cm senken. Damit lag
der konstruktive und finanzielle
Aufwand erstmals in den Grenzen dessen, was auch für den
Privatbereich erschwinglich
war. Damals ließ sich eine solche Installation nur als »Ver-
suchsfunk-Anlage« betreiben,
wollte man sich nicht strafbar
machen. Inzwischen kann man
leistungsfähige Downkonverter
(LNB genannt) und entsprechende Schüsseln im Radio-

Wie gelangen Satelliten ins All?

Bevor wir uns den komplizierten Innereien eines Fernsehsatelliten zuwenden, sollten wir zumindest prinzipiell verstanden haben, wie diese mit Elektronik vollgepackten Schränke in den Weltraum gelangen und dort gehalten werden. Dazu spielen wir einmal folgendes Gedankenspiel: Wenn wir einen Stein nach oben werfen, beschreibt seine Flugbahn eine sogenannte ballistische Kurve, deren Form von einigen Größen abhängt: Die Kraft (genauer: die Anfangsgeschwindigkeit), mit der wir den Stein nach oben geworfen haben, bestimmt den höchsten Punkt der Kurve, die horizontale Komponente unseres Wurfs (sozusagen der waagerechte Teil unserer Kraft) die Weite der Flugbahn. Und unsere Lebenserfahrung sagt uns, daß der Stein nach einiger Zeit irgendwo wieder auf die Erde zurückfallen wird.

Im wesentlichen sind dabei zwei entgegengesetzte Kräfte zu beobachten: unsere eigene, die nach oben wirkt, und die Anziehungskraft der Erde, die den Stein wieder nach unten zieht. In einem zweiten Versuch stellen wir uns vor, unsere Kraft beim Steinewerfen wäre unbeschränkt und wir würden den Stein mit immer höherer Geschwindigkeit werfen, wobei der Wurfwinkel aber konstant bliebe. Im Ergebnis würden sowohl Höhe als auch Weite der Würfe ständig zunehmen. Irgendwann sind dann Höhe und Weite so groß geworden, daß der herunterfallende Stein nicht mehr auf die Erde fällt, sondern sozusagen »daneben«.

Jetzt muß man sich von dem üblichen ballistischen Modell trennen, bei dem die Erdoberfläche als flache Scheibe betrachtet wird: Um so weite Würfe zu betrachten, sollte man seinen Beobachtungsstandpunkt weit außerhalb der Erde wählen. Wenn der Stein also »neben« der Erdkugel her-

unterfällt, verschwindet er nicht irgendwo »unten« im Weltraum; er wird weiterhin wie bei den weniger gewaltigen Würfen vorher von der Erdanziehungskraft zum Erdmittelpunkt hin gezogen.

Nur – und das ist der entscheidende physikalische Punkt – ist seine Geschwindigkeit jetzt gerade so groß geworden, daß er quasi dauernd an der Erdkugel vorbeifällt. Und da die bremsenden Kräfte, die auf der Erde der Fluggeschwindigkeit massiv entgegenwirken, im Weltall fehlen, kreist der Stein unermüdlich um den Globus.

Wie ein Ball an einer Schnur, der von einem Kind im Kreise geschleudert wird, ohne herabzufallen, kreist der Stein um die Erde. Ihn hält die »Schnur« Erdanziehungskraft, die Fliehkraft treibt ihn abhängig von seiner Geschwindigkeit nach außen. Beide Kräfte halten sich die Waage. Der Stein hat die erste kosmische Geschwindigkeit erreicht!

Bei kurzem Nachdenken wird man jedoch darauf kommen,

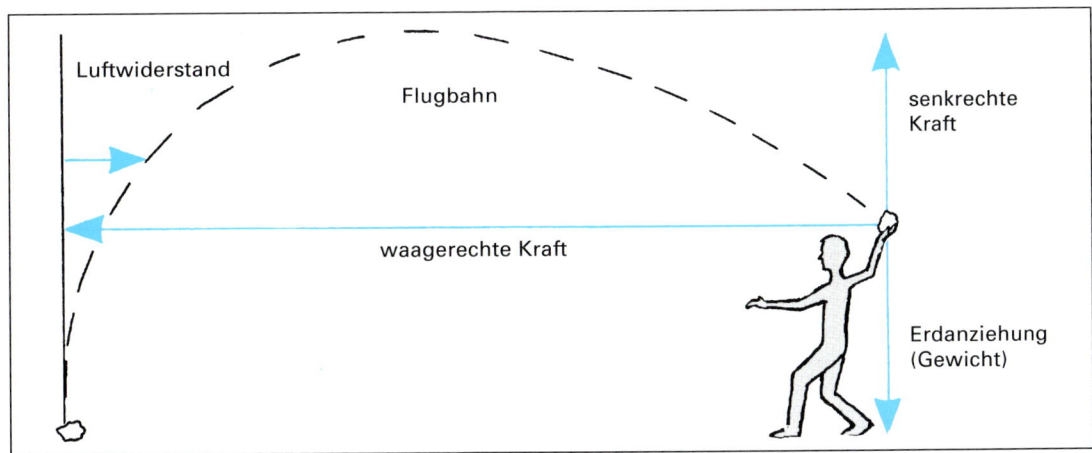

Beim Werfen eines Steins und bei einem Raketenstart gelten die gleichen physikalischen Gesetze. Die Grafik zeigt alle einwirkenden Kräfte

daß es »die« erste kosmische Geschwindigkeit gar nicht gibt, sondern deren mehrere. Abhängig davon, in welcher Höhe der Stein um die Erde kreist, muß er auch zwangsläufig mit einer entsprechenden Geschwindigkeit fliegen, um diese Höhe zu halten. Ein weiter außerhalb kreisender Körper – ein Satellit beispielsweise – kann es dabei etwas langsamer angehen lassen als ein »tiefer fliegender«, sich näher am Erdmittelpunkt bewegender Gegenstand. Zwei Kräfte halten sich dabei die Waage: Je geringer die Entfernung zur Erde, desto stärker wirkt ihre Anziehungskraft, und desto schneller muß sich das Objekt bewegen, damit die durch die Drehung entstehende Fliehkraft die Anziehungskraft der Erde ausgleicht.

Ein Beispiel: In einer Höhe von 1000 km über der Erdoberfläche – hundertmal höher, als ein Verkehrsflugzeug fliegt – kreist ein Satellit in etwa einer Stunde und 45 Minuten um die Erde, ohne »herunterzufallen«; seine Geschwindigkeit beträgt dann ungefähr 7,4 km/s (das sind rund 26 700 km/h). Die bei diesem Tempo entstehende Fliehkraft reicht gerade aus, um die in dieser Höhe kräftig wirksame Erdanziehungskraft auszugleichen.

Der Vollständigkeit halber sei auch die zweite kosmische Geschwindigkeit erwähnt: Steigern wir die Kraft bei unseren fiktiven Steinwürfen weiter, hat der Stein – bei einer Anfangsgeschwindigkeit von genau 11,2 km/s – schließlich soviel Energie in sich, daß er das Gravitationsfeld, also den Bereich der Erdanziehungskraft, verläßt.

Geostationäre Satelliten

Ein Satellit, der sich aus der Sicht eines Erdbewohners ständig bewegt, eignet sich für eine auf Dauer nutzbare Übertragungsstrecke nicht. Deshalb fliegen die Nachrichtensatelliten auf einer exakt berechneten Kreisbahn um die Erde und folgen in ihrer Flugbewegung genau der Rotation des Erdballs, so daß sie sich von »unten« gesehen gar nicht zu bewegen scheinen. Ein solches Verhalten heißt geostationär.

Wie erreicht man aber, daß die Satelliten immer am gleichen Platz stehen? Als erste Voraussetzung ist die geostationäre Höhe zu nennen: die Umlaufzeit um die Erde muß möglichst genau 24 Stunden betragen. Das ist bei einer Höhe von etwa 35790 km über der Erde der Fall. Auf dieser geostationären Umlaufbahn bewegt sich der Satellit mit einer Geschwindigkeit von 3,1 km/s – das entspricht 11 160 km/h. Zweitens muß die Richtung, in die der Satellit fliegt, mit der Drehrichtung der Erde übereinstimmen.

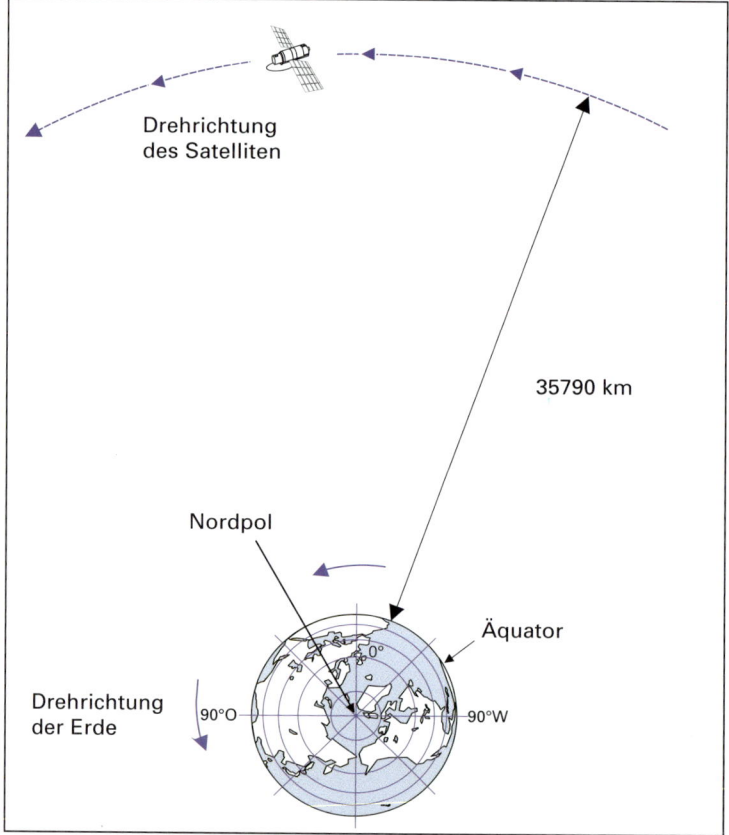

Drehrichtung des Satelliten

35790 km

Nordpol

Äquator

Drehrichtung der Erde

90°O

90°W

Der geostationäre Satellit dreht sich mit der Erde mit und schwebt dabei immer senkrecht über dem selben Punkt am Äquator

Da das Zentrum der Satelliten-
kreisbahn zugleich dem Erdmittelpunkt entsprechen muß,
gibt es nur eine einzige mögli-
che Kreisbahn für geostationäre Satelliten: Exakt senkrecht
über dem Äquator sind beide
Bedingungen erfüllt. Deshalb
tummeln sich dort inzwischen
etliche dieser künstlichen Himmelskörper. Könnte man sie
von der Erdoberfläche aus sehen, erschiene eine »Perlenkette« über dem Äquator.
Was sich in der Theorie recht
einfach anhört – einen Satelliten an seinen Platz hinaufzu-
schießen und ihn dort dauerhaft zu stationieren –, ist in der
Realität enorm schwierig. Die
Raketenfachleute mußten einiges Lehrgeld zahlen, bis sie
die heute übliche Präzision bei
der Satellitenpositionierung erreicht hatten.
Nicht nur das Hinaufschießen
erfordert ungeheures Wissen
und eine bis ins letzte Detail
perfekte Technik, sondern auch
das Einhalten der Position im
zugewiesenen Raumsektor.
Selbst bei einer sehr genauen
Stationierung gibt es immer
wieder störende Einflüsse –
beispielsweise Kollisionen mit
kleinsten Gesteinsteilchen –,
die den Satelliten aus seiner
Bahn bringen. Diese Drift muß
unbedingt korrigiert werden,
sonst gerät der künstliche Himmelskörper aus seiner festen
Umlaufbahn. Deshalb versehen
ihn seine Konstrukteure mit
Steuerdüsen und einem Treib-
stofftank. Nach exakter Berechnung und sorgfältiger Vorbereitung wird dieser Treibstoff in
kleinen Portionen und für sehr
kurze Zeit gezündet, um den
Satelliten wieder auf die richtige Position zu bringen. Denn
damit seine Signale von den

**Zum Erreichen und Einhalten seiner Position statten die Konstruk-
teure jeden Satelliten mit einigen Steuerdüsen und einem gewissen
Treibstoffvorrat aus; hier sieht man die Tanks von Astra 1C**

auf der Erde montierten, feststehenden Antennen empfangen werden können, muß der
Satellit stets in einem Sektor
bleiben, den man sich als wür-
felförmigen Bereich mit etwa
100 km Kantenlänge vorstellen
kann. Ist der Treibstoffvorrat er-
schöpft, gibt es keine Möglichkeit mehr, das teure Gerät zu
retten, auch wenn alle technischen Systeme noch zufrieden-
stellend funktionieren. Dann
trudelt er entweder in die Wei-
ten des Weltalls davon oder er
sinkt durch die Erdanziehungskraft in tiefere Kreisbahnen ab,
wo sich seine enorme Ge-
schwindigkeit – und damit seine Höhe – weiter verringern.
Mehr und mehr stellt sich seinem Tempo die zunehmende
Dichte der Luft entgegen. Die
durch die Reibung mit der Luft-
hülle verursachte Hitze läßt ihn

schließlich mit einem kurzen
Aufglühen verbrennen – soweit
der Idealfall. In ganz seltenen
Fällen kann es passieren, daß
der Satellit nicht verglüht –
wenn es sich etwa um einen
militärischen Aufklärungssatel-
liten mit einem Atomreaktor an
Bord handelt. Dann werden die
letzten Erdumkreisungen möglichst genau berechnet, um vor-
aussagen zu können, wo die
Trümmer niedergehen, und die
Bevölkerung zu warnen. Um
solchen Komplikationen aus
dem Wege zu gehen, verwenden die Techniker in der Kontrollstation den letzten Treibstoff sicherheitshalber häufig
dazu, den Satelliten vor dem
Abschalten (dem »Schlafenle-
gen«, wie sie es nennen) aus
der Umlaufbahn heraus zu kata-
pultieren und ihn in das Weltall
davonfliegen zu lassen.

Sendeleistungen und Frequenzen

Unzählige Sender tummeln sich im All über dem Äquator. Denn alle Satelliten haben mindestens einen, meist mehrere Sender an Bord, wenn auch nicht alle öffentlich zugänglich sind. Die Mehrzahl dient Zwecken der Fernmelde- und Nachrichtenübertragung zwischen den Kontinenten oder ist für militärische Zwecke reserviert. Die Rundfunk- oder Fernsehsendungen sind mit entsprechend leistungsfähigen Sendestufen und Stromversorgungsmodulen ausgestattet. Sie arbeiten im Prinzip immer als Relaisstationen: sie nehmen die zu ihnen hinaufgesendeten Signale in Empfang (das nennt man im Fachjargon Uplink), setzen sie auf einen anderen Frequenzbereich um und senden sie zur Erde zurück (Downlink genannt).

Sogenannte *Direktempfang-Satelliten* versorgen einen bestimmten Bereich, beispielsweise die Bundesrepublik Deutschland und die angrenzenden Nachbarstaaten. Die Sendeleistung solcher High-Power-Systeme ist so hoch, daß man ihre Signale schon mit relativ kleinen Schüsseln im 60-cm-Format in vernünftiger Qualität empfangen kann. Obendrein gibt es die *Verteil-satelliten:* Sie arbeiten genau so wie die Direktempfangssatelliten, senden aber im Vergleich dazu mit erheblich geringerer Leistung (daher nennt man sie auch Medium-Power-Systems). Sie versorgen vor allem kommerzielle Empfänger wie städtische Kabelnetze oder große Gemeinschaftsantennenanlagen. Dabei rechtfertigt sich der höhere technische Aufwand am Boden durch einen geringeren technischen Aufwand im All. Um die Signale eines solchen Satelliten in ordentlicher Qualität zu empfangen, braucht man allerdings schon eine Schüssel von mindestens etwa 100 cm Durchmesser.

Die größte Schwerstarbeit auf der Reise ins All – beim Schritt aus der Erdatmosphäre heraus – übernahm die Raumfähre »Discovery« für diesen Satelliten. Sein eigenes Antriebssystem bringt ihn nach dem Aussetzen auf seine endgültige Position und hält ihn dort innerhalb eines eng begrenzten Bereiches

Die echten *Fernmelde-* oder *Nachrichtensatelliten* arbeiten mit nochmals verringerter Sendeleistung (Low-Power-Systems). Sie stellen meist wie eine Richtfunkstrecke Punkt-zu-Punkt-Verbindungen her, dienen also nicht der Versorgung großer Flächen. Ihre Ausstrahlungen sind nicht öffentlich. Wegen des sehr hohen Aufwandes zum »Anzapfen« der Sendungen brauchen sich die Fernmeldebehörden allerdings kaum Sorgen zu machen, daß Unbefugte Mißbrauch treiben. Je nach Satellitentyp benutzt man verschiedene Frequenzbereiche für die Aufwärts- (Uplink) und Abwärtsverbindungen (Downlink). Die zur Verfügung stehenden Frequenzbereiche teilt man in verschiedene »Bänder« ein; die für das Satellitenfernsehen wichtigen Frequenzen liegen meist im sogenannten KU-Band; hier senden nahezu alle im deutschsprachigen Raum zu empfangenden Satelliten. Schon die Astra-Familie – voll ausgebaut mit insgesamt sieben Satelliten – wird das Frequenzspektrum von 10,7 bis 12,7 GHz besetzen. Eine moderne Empfangsanlage muß also geeignet sein, diese Frequenzen verarbeiten zu können. Im Kapitel »Empfangstechnik« wird erklärt, wie das konkret aussieht.

Astra 1C vor dem Start. Einen Eindruck von der Größe des Satelliten vermitteln die Personen. Das schwarze Gebilde rechts ist eine der beiden großen Parabolantennen, die im All ausgeklappt werden

10,70	10,95	11,20	11,45	11,70		12,10		12,50	12,75	GHz
ASTRA 1D	ASTRA 1C	ASTRA 1A	ASTRA 1B	ASTRA 1E		ASTRA 1F		ASTRA 1G		
	KU1	KU2	KU3	KU4		KU5		KU6		
Unteres ASTRA-Band				Oberes ASTRA-Band						

Die von der Astra-Familie (1A – 1D) belegten Frequenzbereiche in den beiden »Astra-Bändern«. Astra 1E, 1F und 1G werden digitale Signale ausstrahlen

Art der Satelliten	Frequenzbereich	Unterteilung	Bandbreite	Infosat-Bezeichnung
Fernmeldesatelliten	10,95 – 11,70 GHz	10,95 – 11,20 GHz	250 MHz	KU1
		11,20 – 11,45 GHz	250 MHz	KU2
		11,45 – 11,70 GHz	250 MHz	KU3
DBS (direct broadcast satellite)	11,70 – 12,50 GHz	11,70 – 12,10 GHz	400 MHz	KU4
		12,10 – 12,50 GHz	400 MHz	KU5
Fernmeldesatelliten	12,50 – 12,75 GHz	12,50 – 12,75 GHz	250 MHz	KU6

Tabelle der für das Satellitenfernsehen reservierten Frequenzbereiche

Nicht nur beim Satellitenempfang – auch bei Funkamateuren findet man horizontal und vertikal polarisierende Antennen

Um über einen Satelliten mehrere Programme gleichzeitig zu übertragen, benötigt man mehrere, auf verschiedene Frequenzen abgestimmte Sender. Bei Satelliten spricht man allerdings nicht von Sendern, sondern von Transpondern. Manche Satelliten weisen zwei Parabolantennen auf, die in unterschiedliche Richtungen abstrahlen, beispielsweise eine nach Osten und eine nach Westen. Dann spricht man vom Ost- oder West-Beam (Beam = engl. Strahl). Andere Satelliten strahlen mit einer Antenne auf einen großen Bereich – hier ist vom Wide-Beam die Rede –, über die andere mit der gleichen Sendeenergie auf ein deutlich kleineres Gebiet – folglich spricht man hier vom Super-Beam. Diese Unterschiede wirken sich natürlich auf die Empfangsumstände aus; einen Sender, der über den Super-Beam ausgestrahlt wird, kann man mit einer kleineren Antenne empfangen als einen auf dem Wide-Beam. Beim Eutelsat II-F1 zum Beispiel genügt für den Superbeam eine etwa 60 cm große Schüssel, für den Wide-Beam muß man dagegen eine Schüssel im 80er Format haben.

Sendesignale im Mikrowellenbereich lassen sich erfreulicherweise wie sichtbares Licht un-

terschiedlich polarisieren (man erinnere sich an den Physikunterricht). Vereinfacht gesagt kann man daher beim polarisierten Senden die Antenne senkrecht oder waagerecht stellen; am Empfänger muß die Antenne mit der gleichen Ausrichtung betrieben werden. Im Gigahertz-Bereich läßt sich dieser Effekt so weit ausprägen, daß auf einer Frequenz zwei unterschiedliche Signale zu übertragen sind. Man spricht dabei von horizontaler oder vertikaler Polarisierung. In der Praxis stellt man beispielsweise bei horizontaler Polarisierung einen Sender am Empfänger ein; dann dreht man den Empfangskopf an der Schüssel um 90 Grad und bekommt den senkrecht polarisierten Sender. Im Übergangsbereich zwischen Horizontal und Vertikal hat man beide Sender in schlechter Qualität auf dem Schirm.
Die Richtcharakteristik der Sendeantenne stellt der sogenannte Footprint dar, ein Diagramm, das die Verteilung der Sendeenergie im Empfangsgebiet grafisch anzeigt. Im eingezeichneten Gebiet reicht eine Schüssel bestimmter Größe aus, um den störungsfreien Empfang des betreffenden Satelliten sicherzustellen; beispielsweise genügt im deutschsprachigen Raum eine 60er Antenne, um Astra zu empfangen.
Normalerweise bestreicht die Sendeantenne des Satelliten einen – bedingt durch die Position des Satelliten über dem Äquator – ovalen Fleck. Die Richtcharakteristik der Antenne läßt sich ferngesteuert von der Erde aus verändern, um die zur Verfügung stehende Sendeenergie optimal auf das angestrebte Zielgebiet zu verteilen.

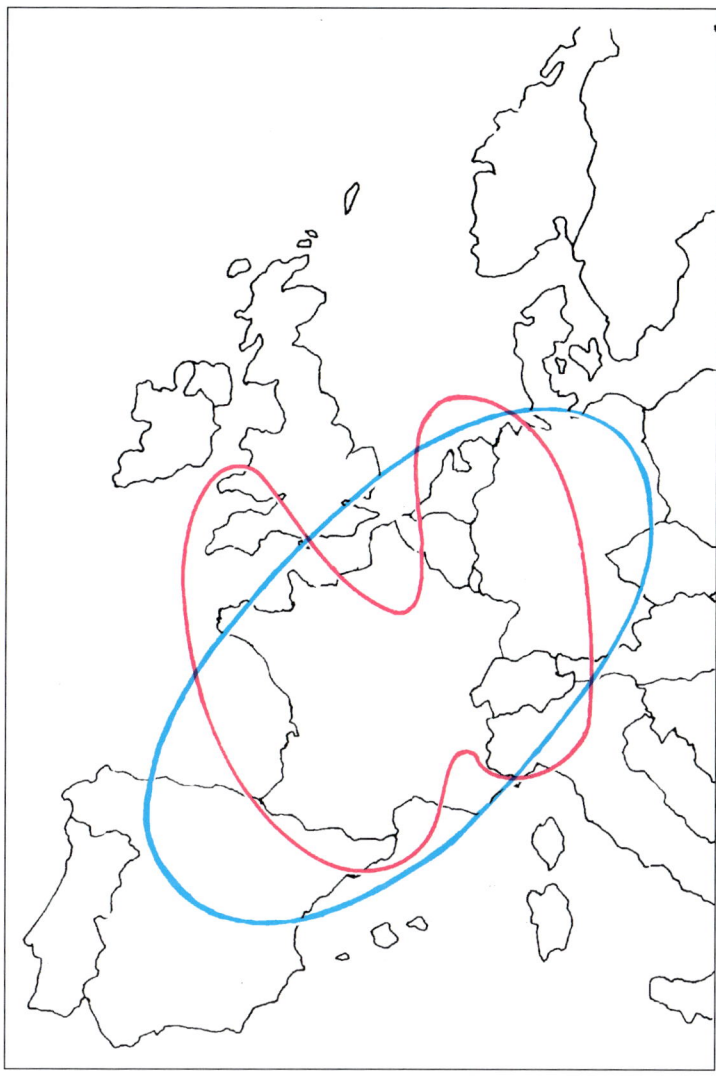

Footprint eines Satelliten: Die blaue Linie zeigt den Sendebereich der unveränderten Schüssel, die rote Linie stellt die elektronisch »verbeulte« Kurve dar

Außer den eigentlichen Fernsehtranspondern hat ein Satellit noch weitere Sender und Empfänger an Bord, die für die Verbindung zwischen Bodenstation und Satellit nötig sind. Über diese Funkkanäle kann die Kontrollstation auf der Erde die Betriebsdaten der Elektro- nik abfragen und verändern, die Transponder steuern und den künstlichen Himmelskörper an seiner festgelegten Position halten. Dazu zündet man nach exakter Berechnung für einen kurzen Moment die Steuerdüsen, was den Satelliten an seinen Platz zurückbringt.

Empfangstechnik

Nicht nur die Antenne für eine Satellitenempfangsanlage sieht anders aus als das herkömmliche filigrane »Drahtgestrüpp« auf dem Dach, sondern auch das Innere eines Sat-Receivers baut auf einer anderen Technik auf. Die Unterschiede zwischen beiden Systemen zeigt dieses Kapitel.

Satelliten-fernsehen

Allgemeines

Im Grunde ist die Übertragung eines Fernsehbildes – zumindest aus heutiger Sicht – nicht sonderlich schwierig. Das Bild im Studio wird von einer Fernsehkamera aufgenommen und in 625 waagerecht verlaufende Streifen – Zeilen genannt – zerlegt. Die Aufnahmeröhre (oder ein lichtempfindlicher Chip) in der Kamera mißt bei jeder dieser Zeilen vom linken Rand ausgehend die aktuelle Helligkeit des abzutastenden Bildstreifens. Die Helligkeits-schwankungen innerhalb der Zeile bilden die eigentlich zu übertragende Information, dargestellt in Form einer der Helligkeit entsprechenden elektrischen Spannung.

Am Ende der Zeile schaltet die Kameraelektronik zur nächsten um, verschiebt also die Leseposition vom rechten Ende einer Zeile zum linken Anfang der nächsten. Im Videosignal entsteht eine Pause, *horizontale Austastlücke* genannt; sie enthält keine Bildinformationen. Eine weitere Pause legt die Kameraelektronik ein, wenn sie ein Bild komplett abgetastet hat, die Leseposition von rechts unten also wieder nach links oben verschiebt. Diese zweite Pause nennen die Techniker *vertikale Austastlücke;* sie markiert den Wechsel von einem Bild zum nächsten.

Die Spannungsschwankungen, welche die gemessenen Helligkeitsunterschiede darstellen, prägt man einer hochfrequenten Trägerschwingung auf und schickt sie mit einem geeigneten Fernseh-Sender zum Empfänger. Dort verwandelt eine elektronische Anordnung die ankommenden Signale zurück in Lichtpunkte von unterschiedlicher Helligkeit.

Hierfür verwendet man Bildröhren, die mit einer Phosphorschicht bestrichen sind, welche durch den gezielten Beschuß mit Elektronenstrahlen zum

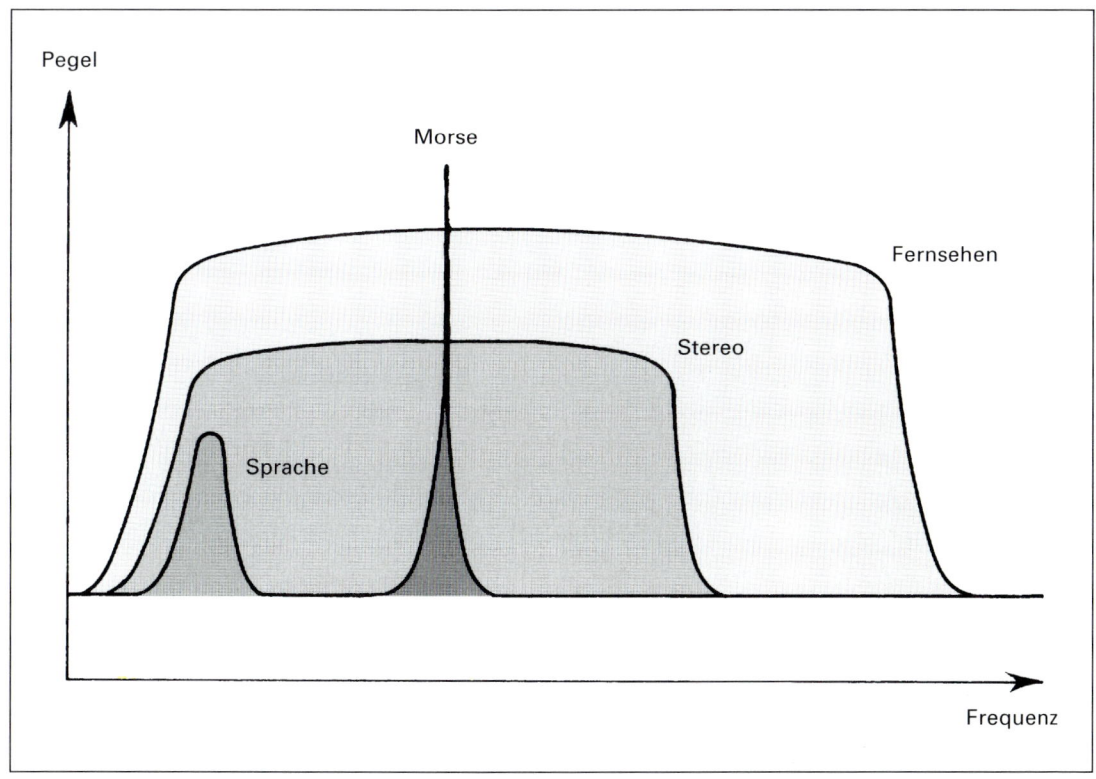

Die verschiedenen Signale – vom Morsezeichen über Sprechfunk, Stereo-Rundfunk bis zum Fernsehen – belegen unterschiedlich große Bereiche auf der Frequenzskala

Breite Bänder

Eine wichtige Kenngröße für die Dichte der übertragenen Informationsmenge heißt »Bandbreite«. Darunter verstehen die Techniker »die Breite eines Frequenzbandes zwischen zwei Grenzfrequenzen«. Ein Signal, das Frequenzen zwischen 10 und 30 Megahertz (MHz) enthält, belegt eine Bandbreite von 20 MHz. In den Anfangsjahren schickten die Funker mit der *Morsetaste* kurze oder lange Impulse auf eine Leitung (oder einen Sender). Das entsprechende Signal belegt nur eine geringe Bandbreite, übermittelt aber auch nur eine begrenzte Informationsmenge pro Zeiteinheit. Später nutzte man den *Sprechfunk,* der die menschliche Stimme überträgt. Hier ist die Informationsdichte schon um einiges höher als bei den Morsezeichen der Tastfunker.

Dafür begnügt sich der Sprechfunk nicht – wie die Morsetaste – mit den Buchstaben des gesprochenen Textes, sondern übermittelt weitere Informationen: Wer spricht (Frau, Mann, Kind), wie spricht sie oder er (schnell, langsam, aufgeregt, klar, mundartlich) und so fort. Der Sprung zur nächsten Stufe der Informationsdichte markiert den bedeutsamen Wechsel vom Sprech- zum »Bildfunk«, zum *Fernsehen.* Der Informationsgehalt steigt enorm, die benötige Bandbreite wächst mit – erst recht der technische Aufwand, der nötig ist, um ein bewegtes Bild live (ohne Zeitverlust wie beim Film) zu transportieren. Dagegen wirkt die Radiotechnik relativ simpel.
Einige Eckwerte belegen diese Entwicklung: Das Morsesignal beim Tastfunk belegt eine Bandbreite von etwa 300 Hz; ein sehr guter Funker übermit-

telt etwa 150 Buchstaben pro Minute. Der Sprechfunk braucht – wie das Telefon – die zehnfache Bandbreite, um eine brauchbare Sprachverständlichkeit zuwege zu bringen. Der *HiFi-Stereo-Rundfunk* machte wieder ein Zehnersprung – auf eine Bandbreite von 38 000 Hz (38 kHz). Das Fernsehen setzt für das Bildsignal schließlich eine Bandbreite von über 4 000 000 Hz (4 MHz) voraus. Zu dieser Videobandbreite muß man den (Stereo-)Ton hinzurechnen, das Satellitenfernsehen überträgt obendrein mehrere Tonkanäle oder Signale für Sonderdienste (wie z.B. den digitalen Satellitenrundfunk), so daß eine Bandbreite von etwa 15 MHz (bei Astra) gerade eben für eine gute Übertragung ausreicht.
Beim Satellitenfernsehen nennen die Techniker das Signalgemisch aus Bild- und Tonsignalen Basisband.

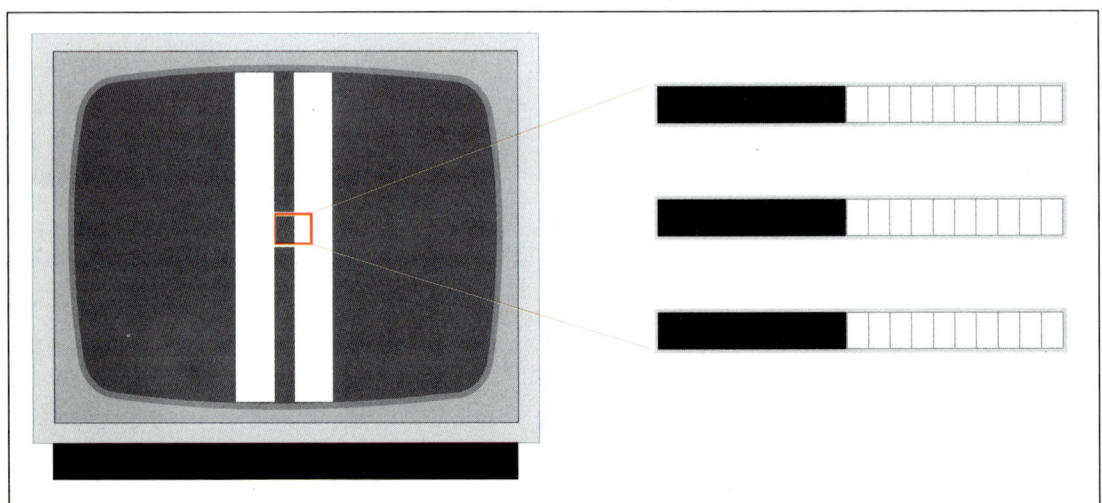

Aus dem Testbild eines Satellitenempfängers – es zeigt zwei weiße Streifen auf schwarzem Grund – haben wir drei Zeilen herausgenommen und vergrößert dargestellt

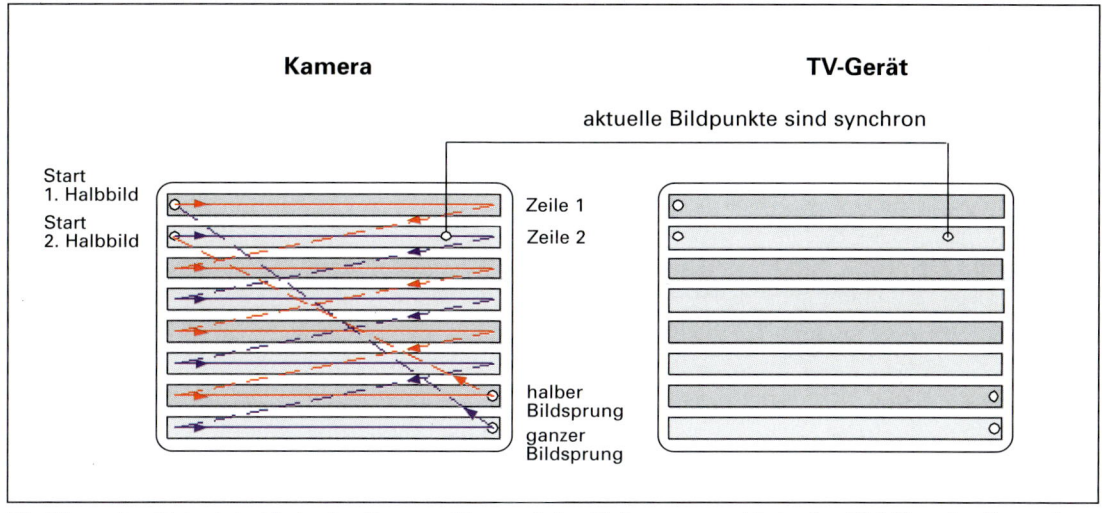

Kamera **TV-Gerät**

aktuelle Bildpunkte sind synchron

Start
1. Halbbild
Start
2. Halbbild

Zeile 1
Zeile 2

halber
Bildsprung
ganzer
Bildsprung

Die Wege des Abtaststrahls in der Kameraröhre und des Elektronenstrahls in der Bildröhre des Fernsehgeräts verlaufen exakt synchron

Leuchten gebracht wird. Ein Elektronenstrahl überstreicht die Mattscheibe und erzeugt abhängig vom Videosignal entsprechend helle Punkte. Dabei muß sich der schreibende Elektronenstrahl in der Bildröhre zeitgleich an der gleichen Stelle im Bild befinden, an der sich der Lesestrahl der Fernsehkamera befindet, sonst »fällt das Bild auseinander«. Betrachtet die Kamera beispielsweise einen Punkt 7 cm von der linken Bildkante entfernt in der 39. Zeile, erzeugt der Elektronenstrahl in der Bildröhre exakt an dieser Stelle getreu der von der Kamera übermittelten Information einen entsprechend hellen Fleck. Diese starre Kopplung nennt man in der Fachsprache Synchronismus. Der Schreibstrahl der Bildröhre richtet sich nach den Austastlücken, um im gleichen Takt mit der Kamera zu bleiben. Die vertikale Austastlücke, die einen Bildwechsel signalisiert, heißt des-

halb auch Synchronsignal. Alles in allem enthält das Videosignal also drei verschiedenartige Informationen: die Bildhelligkeit, die (horizontale) Austastlücke und das Synchronsignal (vertikale Austastlücke). Abgekürzt nennt man dieses Signal BAS (Bild-Austast-Synchron). Die starre Kopplung zwischen Kamera und Bildschirm bleibt selbst dann erhalten, wenn die Bildsignale von einem Videorecorder aufgezeichnet werden – natürlich erfolgt die Wiedergabe dann insgesamt zeitversetzt. Der Bildtakt muß jedoch bestehen bleiben, deshalb zeichnet der Recorder die Synchronsignale mit auf dem Band auf.

Bewegte Bilder

Damit die übertragenen Bilder wie im Film flüssige Bewegungen wiedergeben, muß man mindestens 16 Bilder pro Sekunde aufnehmen, transportie-

ren und dem Auge präsentieren. Eine gleichmäßige Bildwiedergabe ohne deutlich erkennbare Sprünge setzt mindestes 22 Bilder/s voraus, das Kino schaltet 24 mal pro Sekunde ein Filmbild weiter; der Kinoprojektor unterbricht aber den Lichtstrahl mehrmals – meist viermal – pro Bild, um das Flimmern unter die Wahrnehmbarkeitsschwelle zu drücken. Moderne 100-Hz-Fernsehgeräte funktionieren nach dem gleichen Prinzip, indem sie die Halbbilder zwischenspeichern und mehrfach auf den Schirm projizieren. Die Fernsehtechnik der »Gründerjahre« war nicht in der Lage, Bildschirmgeräte zu bauen, die 24 Bilder pro Sekunde mit 625 Zeilen vollständig auf die Mattscheibe schreiben konnten. Mal wanderte der Schreibstrahl zu schnell – dann waren die hellen Phosphor-Punkte am oberen Bildrand schon erloschen, wenn der Strahl die Bildunterkante erreicht hatte.

Verwendete man Röhrenbeschichtungen mit länger nachleuchtendem Material, überlagerten sich die Bilder und versanken im »Nebel«. Daher teilte man die darzustellende Informationsmenge in zwei Portionen auf; so entstand das »Halbbild«, das abwechselnd die ungradzahligen (1., 3., 5., 7. und so fort) und die gradzahligen (2., 4., 6., 8., und so weiter) Zeilen enthält. Die beiden Hälften werden schnell nacheinander auf die Mattscheibe geschrieben, wo sie für den Betrachter zu einem vollständigen Bild verschmelzen.

Damit es nicht zu störenden Interferenzeffekten – durchlaufend waagerechten Streifenmustern auf dem Schirm – kommt, wenn das Licht einer aus dem 50-Hz-Stromnetz gespeisten Lampe auf den Bildschirm fällt, übernahm man die Frequenz des Netzstromes für den Halbbildtakt. Damit lagen die Eckwerte des Fernsehbildes fest: 25 Bilder pro Sekunde, aufgeteilt in zwei Halbbilder, die im 50-Hz-Takt auf den Schirm geschrieben werden.

Ein Bildtripel besteht aus je einem rot, grün oder blau leuchtenden Punkt

Farbfernsehen

Die Übertragung der Farbe setzt zunächst eine entsprechend ausgestattete Kamera voraus. Sie verfügt über drei lichtempfindliche Bildaufnehmer, die jeweils nur eine der drei Grundfarben Rot, Grün oder Blau »wahrnehmen« und deren Helligkeitsänderungen in Spannungsschwankungen umsetzen. In den großen Studiokameras übernimmt eine sinnreiche Kombination aus Lichtteilern mit entsprechender Umlenkoptik und passenden Farbfiltern das Aufsplitten der drei Grundfarben. Aus den drei Farbsignalen wird der Schwarzweiß-Bildinhalt ermittelt, der wie schon erläutert übertragen wird. Die Farbinformationen dagegen schachtelt man trickreich – etwa so wie die Stereoinformation in das monofone Radiosignal – in das einfache Schwarzweiß-Signal hinein. Ein nicht farbfähiger Fernseher nimmt die zusätzlichen Informationen nicht wahr, sondern zeigt ein Schwarzweiß-Bild. Der Farbfernseher dagegen trennt die drei Farbinformationen wieder und gibt sie mit entsprechend gefärbtem Licht auf dem Bildschirm aus.

Eine Zeile des Farbfernsehens setzt sich also nicht nur aus einfarbigen, also weißen Lichtpunkten zusammen. Stattdessen bilden drei Leuchtpunkte – ein roter, ein grüner und ein blauer – ein Dreieck (bei manchen Röhren auch ein Rechteck), einen Farbtripel. Die einzelnen Punkte leuchten mit der vom Farbvideosignal vorgegebenen Helligkeit, je Farbe also mehr oder weniger hell. Aus einigen Zentimetern Abstand verschwimmt die Dreiergruppe

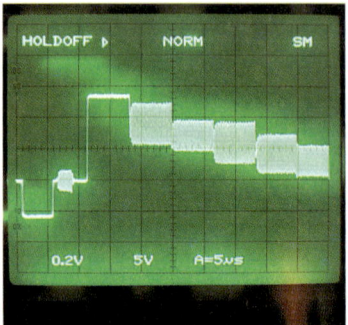

Aufnahme eines Oszilloskop-Meßbildes von einem Farbvideo-Signal (FBAS)

zu einem Punkt, dessen Färbung von der jeweiligen Mischung der Lichtintensität der drei Farbpunkte abhängt. Leuchten sie gleich stark, zeigt der Tripel eine graue oder weiße Färbung. Überwiegt der Grünanteil, färbt sich der Tripel entsprechend. Rot und Grün, jeweils gleichstark, ergeben Gelb. Mehrere Meter Betrachtungsabstand (Faustregel: Bildschirmdiagonale mal fünf) lassen die Farbtripel für den Betrachter zu einer zusammenhängenden farbigen Fläche verschwimmen.

Das vollständige Fernsehbildsignal bezeichnet man als Videosignal; Techniker sprechen vom BAS-Signal (Bild-Austast-Synchron) oder vom FBAS-Signal (Farb-Bild-Austast-Synchron). Sieht man sich ein solches Signal auf einem Meßgerät, dem Oszilloskop, an, kann man die einzelnen Zeilen darin wiederfinden, denn die Synchron-Impulse ragen deutlich hervor. Was sich in den einzelnen Zeilen abspielt, kann man allerdings auch mit einiger Phantasie nicht erkennen. Dennoch vermittelt das Meßbild eine Vorstellung von der Komplexität des Farbfernsehens. Wer genau hinsieht, wird feststellen, daß während eines großen Teils der Übertragung fast gar nichts passiert: da werden keine Bildinhalte übertragen, sondern nur langweilige Bildwechselimpulse oder Leerzeilen am oberen und unteren Rand, die von der Bildröhre nicht dargestellt werden. Findige Köpfe kamen auf die Idee, diese nicht benötigten Bereiche anderweitig zu nutzen; das führte zu Diensten wie z.B. Videotext, einem zusätzlichen Informationsangebot der Fernsehanstalten, das in Textdarstellung allgemeine Nachrichten, Infos zum Wetter und zum jeweiligen Programm sowie andere Informationen bietet. Auch das »Großformat« PAL-Plus nutzt die Reservekapazitäten des FBAS-Signals. Spezielle Fernsehgeräte enthalten ei-

Auf dem Hausdach: Eine typische terrestrische Empfangsanlage mit Yagi-Richtantennen für die verschiedenen Rundfunk- und Fernsehbereiche

ne »überbreite« Bildröhre, die im Gegensatz zum normalen Gerät (4:3) ein Seitenverhältnis von 16:9 aufweist. Damit lassen sich Kino-Filme eher so übertragen, wie sie auf der Leinwand zu sehen wären. Die zusätzlichen, auf 4:3-Geräten nicht sichtbaren Bildinhalte »verstecken« die Techniker in den Leerzeilen und in den »schwarzen Balken«, die auf den normalen Geräten das Breitformat entsprechend kaschieren. Der PAL-Plus-Decoder entschlüsselt die versteckten Informationen, um das »Fernsehbild im Breitwandformat« wieder zusammenzusetzen.

Terrestrischer Fernsehempfang

Der seit Jahren gängige und traditionelle Übertragungsweg von Fernsehsignalen – vom Sender zum heimischen Bildschirm – ist gemeinhin bekannt. Die Sendeanstalten packen ihre Programme in einem »Bündel« zusammen und verbreiten sie mittels einer Kette geeigneter Sendestationen über das ganze Land. Um die ausgestrahlten Programme zu empfangen, verfügt der Zuschauer über eine Antenne, die das Sendesignal auffängt. Alternativ nutzt man einen Kabelanschluß, der den Abschluß einer sehr leistungsfähigen und meist weitgefächerten Empfangs- und Verteilanlage bildet und die Fernsehsignale über Koaxialkabel zum Fernsehgerät weiterleitet. Dort erfolgt die Aufteilung der verschiedenen Programmangebote und die Aufspaltung in Bild-(Video-) und Ton-(Audio-)Signal.

Satellitenempfang

Eine Satellitenempfangsanlage ähnelt im Aufbau einer normalen terrestrischen Anlage zum Fernsehempfang mit Antenne, Kabel und Empfänger mit Bildschirm und Lautsprecher. Bedingt durch die höheren Sendefrequenzen und die entsprechend anders ausgelegten Empfangselektronik sieht das technische Konzept einer Sat-Anlage jedoch etwas anders aus. Aufgrund der geringen Signalstärke und wegen der nahe nebeneinander am Himmel stehenden Satelliten kommt als Antennenform nur eine leistungsfähige und zugleich stark richtende Konstruktion in Frage. Meist ist das ein Parabolspiegel, in dessen Brennpunkt ein kleines rohrförmiges Modul die Funkwellen auffängt, vor Ort ein erstes Mal bearbeitet und über ein Kabel an den Empfänger weiterleitet. Dieses kleine Modul bildet quasi das Herz der gesamten Empfangsanlage; es wird LNB (Low Noise Block) genannt (um die technische Funktion geht es ab Seite 30).

Für den Techniker ist einer der wesentlichen Unterschiede zwischen normalem Fernseher und Satellitenempfänger durch die verschiedenen Frequenzbereiche begründet: Beim üblichen Fernsehgerät reicht der Frequenzbereich des Signals, das von den Sendern ausgestrahlt wird und am Gerät von der Antenne ankommt, etwa von 80 bis 800 MHz bei einer Bandbreite von etwa 9 MHz. Der Satellitenempfänger dagegen nimmt Signale im Frequenzbereich von etwa 800 bis über 2 000 MHz entgegen; bei einer Bandbreite von 27 MHz.

Satellitenantennen: Nicht immer eine Schüssel

Augenfälligstes Merkmal einer Satellitenempfangsanlage ist die relativ große Parabolantenne, etwas salopp »Schüssel« genannt. Im Grunde stellt sie nur einen Reflektor, einen Spiegel dar, der die vom Satelliten kommenden Sighnale auffängt und sie in einem Brennpunkt bündelt. Nach dem gleichen Prinzip funktionieren Taschenlampe und Autoscheinwerfer. Eine große Schüssel fängt viele Mikrowellen auf, liefert also eine höhere Antennenspannung als eine kleinere. Dem Techniker liefert ein sogenanntes Richtdiagramm ein exaktes Abbild dieser Eigenschaft; es trägt Richtwirkung und Empfangsleistung grafisch auf und erlaubt es, verschiedene Konstruktionen miteinander zu vergleichen. Aus einem solchen Diagramm sieht man, daß große Schüsseln nicht nur bessere Empfangsleistungen bringen als kleinere, sondern auch einen wesentlich stärker gebün-

Ob große Drehantenne oder kleine Camping-Schüssel für den 12-Volt-Betrieb: Sauberer Astra-Empfang ist mit beiden möglich

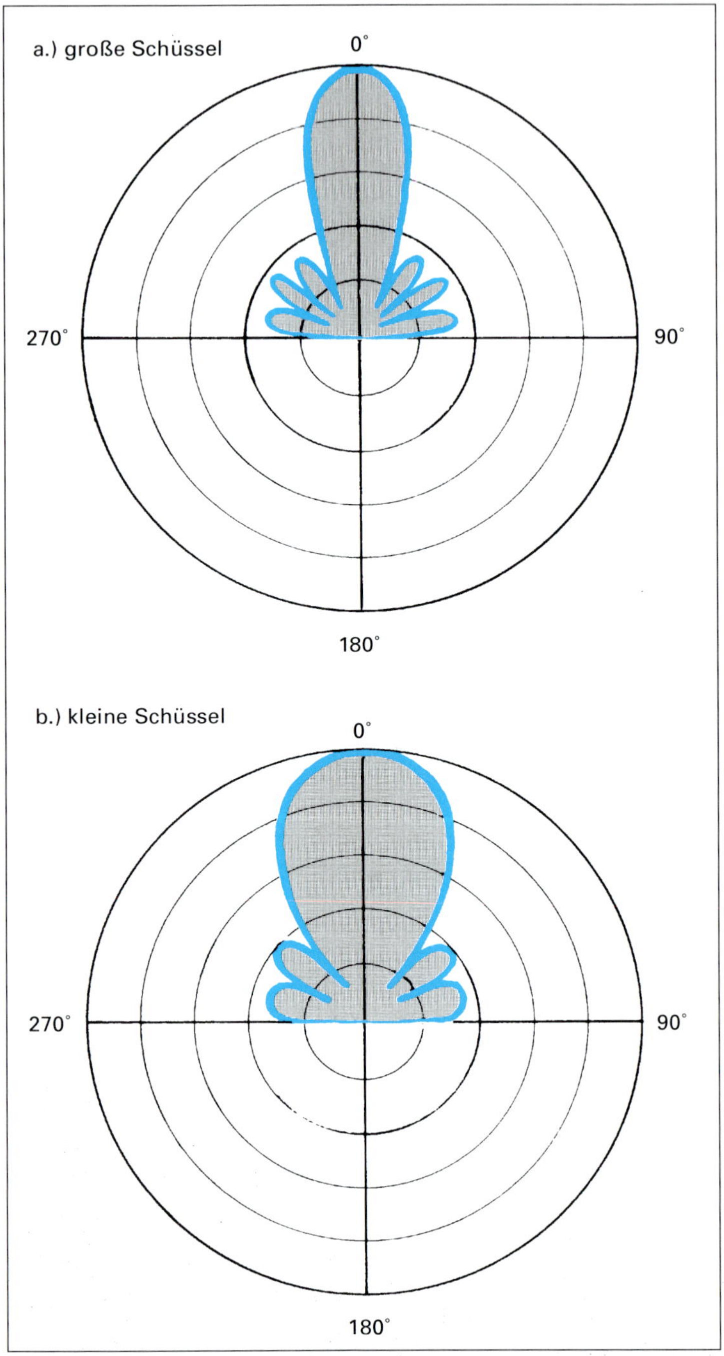

a.) große Schüssel

0°

270°

90°

180°

b.) kleine Schüssel

0°

270°

90°

180°

Große Parabolantennen weisen einen etwas kleineren Öffnungswinkel auf als kleine Schüsseln; die großen haben einen höheren Antennengewinn, müssen aber stabiler montiert und exakter ausgerichtet werden

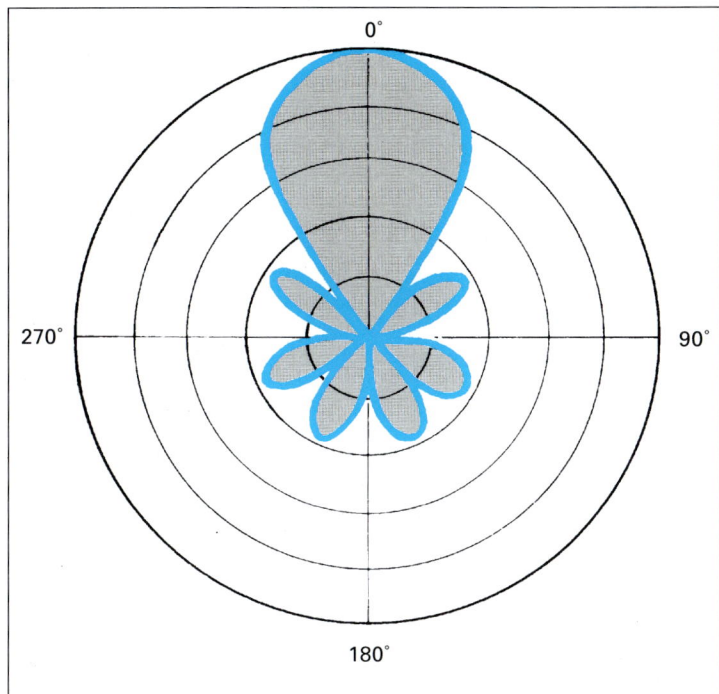

Richtdiagramm einer Yagi-Antenne, wie sie zum terrestrischen Fernsehempfang genutzt wird

delten »Blickwinkel« haben, die »Strahlungskeule« deutlich enger bündeln. Das hat eine höhere Antennenspannung zur Folge und damit einen störungsfreieren Empfang. Große Schüsseln müssen aber auch exakter ausgerichtet und stabiler montiert werden. Denn ein kräftiger Windstoß kann eine große Antenne leichter als eine kleine soweit »außer Kurs« bringen, daß der angepeilte Satellit nicht mehr empfangen wird. Schüsselgrößen unterhalb 30 cm sind gar nicht einsetzbar; auch die vom normalen terrestrischen Fernsehempfang bekannten Yagi-Antennen taugen zum Satellitenempfang nicht. Weil die Satelliten im Orbit zum Teil mit nur drei Winkelgrad Abstand positioniert

werden, müssen die Antennen auf der Erde einen Blickwinkel aufweisen, der kleiner als drei Grad ist – um einen einzelnen Satelliten trennscharf zu empfangen. Und genau das schaffen weder Yagi-Antennen noch kleine Parabol-Schüsseln im 30-Zentimeter-Format. Satellitenantennen gibt es in verschiedenen Bauformen: Am weitesten verbreitet ist zweifellos die Parabolantenne, die in zwei Varianten gebaut wird: als zentrische oder als Offset-Schüssel. Bei der zentrischen Variante – die Standardlösung bei einem Durchmesser von mehr als einem Meter – wird der LNB von drei Beinen zentral über dem geometrischen Mittelpunkt des Antennenspiegels befestigt. Diese

Bauform hat jedoch Nachteile: Einerseits verkleinert der LNB durch seinen »Schatten« die effektive Fläche der Antenne – und bei Durchmessern von weniger als einem Meter macht sich eine solche Abschattung schon bemerkbar. Andererseits sind auch witterungsbedingte Nachteile nicht zu unterschätzen: der hineinfallende Regen fließt durch kleine Öffnungen nur zögerlich ab, der Schnee bleibt auf der gewölbten Fläche liegen, vereist zu einer stabilen, Kruste und reduziert die Empfangsleistungen ganz erheblich. Vieles spricht also für die zweite Variante der Parabolantenne: die Offsetantenne. Bei dieser Bauform macht man sich zu Nutze, daß wie bei einem optischen Spiegel Einfallswinkel und Ausfallswinkel gleich groß sind. Neben dem einen Brennpunkt eines Parabolspiegels – exakt über der geometrischen Mitte des Spiegels – gibt es eine unendliche Anzahl weiterer Brennpunkte für schräg oder unsymmetrisch einfallende

Bei Schüsseln mit einem Durchmesser von mehr als einem Meter bevorzugt man die Zentralbefestigung des LNB über dem geometrischen Mittelpunkt

Bei kleinen Schüsseln hat sich die Offset-Befestigung durchgesetzt; hier »schielt« der LNB von unten in den senkrecht montierten Antennenspiegel

Wellen. Allerdings reduziert sich der Wirkungsgrad der Antenne um so mehr, je weiter der Brennpunkt vom Ideal abweicht. Mit einer exakt korrigierten Formgebung lassen sich diese Nachteile ausgleichen. Eine Offsetschüssel steht nahezu senkrecht, was Probleme mit Regen und Schnee verhindert. Der LNB »schielt« von unten, an einem einfachen Ausleger befestigt, in den An-

tennenspiegel hinein. Der »Blickwinkel« der Konstruktion liegt schräg oberhalb der Mittenachse des Spiegels. Gerade hierin liegt der einzige für den Selbstmonteur relevante Nachteil der Offset-Schüssel: den Blickwinkel kann man nirgends direkt ermitteln oder ablesen, so daß man auf Gedeih und Verderb (meist leider letzteres) auf die an der Halterung eingestanzten Zahlen angewiesen ist.

Ein konstruktiver Schwachpunkt vieler Billig-Varianten der Offset-Bauform ist zudem der erwähnte Ausleger, der den LNB im Brennpunkt der Antenne hält. Dieser meist als schlichter Vierkant oder als dünnes Rohr ausgeführter Arm ist wesentlich weniger stabil als eine solide Dreibein-Befestigung bei der zentrischen Bauform. Entsprechend anfällig sind diese Antennen gegen Wind. Um sich spätere Unbill – wackeliger Empfang dank eines ebenso wackeligen Auslegers – zu ersparen, achtet man sinnvollerweise schon

beim Kauf darauf, daß diese Komponente der Konstruktion einen vertrauenerweckenden Eindruck hinterläßt. Schon geringe Preisunterschiede machen hier schon viel aus.
Als besonders empfangsstark gelten die teureren Doppel-Focus-Schüsseln, die das Offsetprinzip zweifach umsetzen. Sie tragen am Ende des Auslegers einen weiteren parabolartig geformten Spiegel, der die vom Hauptreflektor stammenden Wellen ein weiteres Mal bündelt und dann auf den LNB lenkt. Diese »Zickzack«-Methode führt – von den besseren Empfangsergebnissen abgesehen – auch zu einer kompakteren Konstruktion, denn der Ausleger ist meist deutlich kürzer als bei normalen Offset-Schüsseln. Zudem ist der LNB durch diese Anordnung mechanisch besser gegen Wind und andere unerwünschte Kräfte (z.B. habgieriger Zeitgenossen) geschützt.
Des weiteren gibt es die Hornantenne, die im professionellen Mikrowellensektor, z.B. für

Die eingestanzten Elevationsmarkierungen sind zwar nie ganz exakt, peinlich aber, wenn die Skala auf der rechten Seite einen anderen Wert als auf der linken zeigt. Dann ist Probieren angesagt

Doppel-Focus-Antennen liefern höhere Empfangsleistungen als die einfache Ausführung

Richtfunksysteme, sehr verbreitet ist. Sie bildet einen besonders geformten Trichter, der die Mikrowellensignale auffängt und am unteren, dünnen Ende – wie in einen Flaschenhals – in den LNB fließen läßt. Zwar ist die Mundöffnung der Hornantenne bei gleicher Empfangsleistung meist kleiner als bei einer Parabolantenne; letztere sind in der Herstellung erheblich weniger aufwendig und damit entsprechend billiger. Deshalb spielt die Hornantenne im Massenmarkt keine Rolle. Ebenfalls mit dem Nachteil des höheren Preises ist die Flachantenne behaftet, die dort weite Verbreitung findet, wo es um eine unauffällige Montage geht. Denn die Flachantenne paßt sich vielen Umgebungen an (beispielsweise im Campingbereich) und ist bei vergleichbarer Leistung kleiner als eine Schüssel. Beispiel: eine quadratische Flachantenne mit einer Kantenlänge von gut 40 cm liefert etwa die gleichen Empfangsleistungen wie eine 60 cm große Parabolantenne.

Auch in Sachen Witterungsempfindlichkeit zeigt sie Pluspunkte, denn Regen tropft ohne weiteres ab. Schnee allerdings bleibt auf der Oberfläche haften und friert schnell zu einer empfangsverschlechternden Kruste fest.
Technisch besteht die Flachantenne aus einer Platine, auf der einige Dutzend Dipole – die kleinsten Antennenelemente – sinnig und trickreich miteinander verkoppelt sind. Der Blickwinkel einer solchen Konstruktion liegt senkrecht zur Antennenfläche; das Ganze wird wie eine Parabolantenne auf den gewünschten Satelliten ausgerichtet. Flachantennen erweisen sich als recht leistungsstark und bündelungsscharf; sie geraten dank der kurzen Wellenlängen der Satellitenfrequenzen klein und unauffällig genug, um attraktiv zu erscheinen.
Welche Antennenformen man auch in Betracht zieht – exakt ausrichten muß man eine Satellitenschüssel in jedem Fall. Dabei kommt es nicht nur

darauf an, wie bei einer terrestrische Antenne die horizontale Ausrichtung zu treffen – auch in der Vertikalen muß die Antenne den gewünschten Satelliten so genau wie möglich anpeilen. Die Fachbegriffe hierfür heißen *Azimuth* (horizontale Richtung) und *Elevation* (vertikale Erhebung); der erste Wert wird per Kompaß ermittelt, der zweite mit einem Neigungsmesser.
Leider gilt aber für Deutschland, Österreich, die Schweiz und für alle Satelliten nicht nur eine einzige Wertekombination für Azimuth und Elevation. Stattdessen muß man eigens für jeden Ort und jeden Satelliten beide Werte ermitteln. Für Astra nennt die Tabelle auf Seite 29 für einige Städte Elevation und Azimuth. Für jeden Ort und jeden Satelliten lassen sich die Werte mit dem Diagramm auf Seite 28 ablesen, wenn auch etwas ungenauer als mit der Tabelle.
In der Praxis wird sich ohnedies zeigen, daß man einen Satelliten schnell findet.

Die professionelle Nachrichtentechnik verwendet solche, typischen Hornantennen

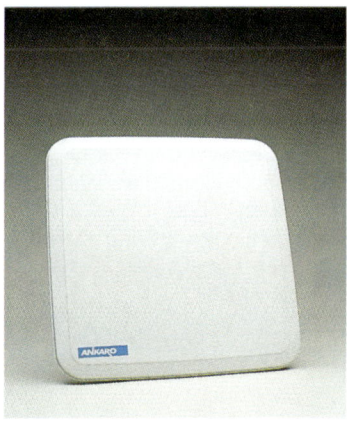

Flachantennen sind weniger aufwendig als Schüsseln, dafür aber meist teurer

Dieser Satelliten-Kompaß hat einen recht genauen und gut ablesbaren Neigungsmesser

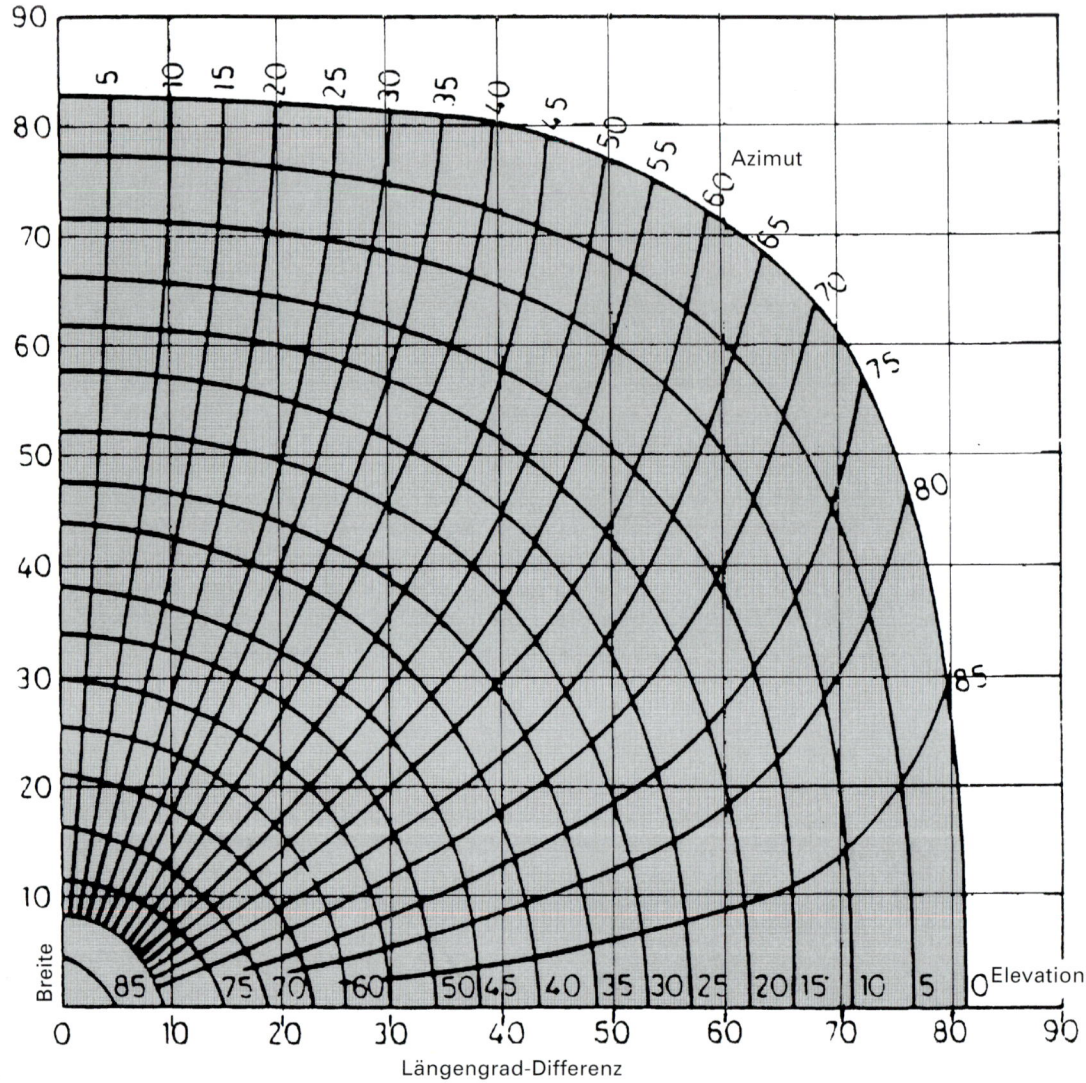

Nomogramm zur Ermittlung von Azimut und Elevation. Ein Beispiel: Der Satellit befindet sich auf 19,2° östlicher Länge (Astra), der Wohnort sei Hannover mit 9,5° östlicher Länge. Die Längengraddifferenz ist dann: Wohnort minus Satellitenposition (+9,5) – (+19,2)) = – 9,7. Östliche Längen müssen mit positivem, westliche Längen mit negativem Vorzeichen eingesetzt und vorzeichenrichtig abgezogen werden. Zusammen mit der Breite des Wohnorts (52,5°) ergibt sich eine Elevation von 30° und eine Richtung von – 12°, also 180° – 12° = 168° auf dem Kompaß

→

Die nebenstehende Tabelle bietet für einige ausgewählte Städte Deutschlands die Azimut- und Elevationswerte gängiger Satelliten

Ort	AZ	EL	Ort	AZ	EL
Aachen	163.26	30.54	Köln	164.41	30.53
Augsburg	168.98	33.90	Krefeld	164.00	30.05
Berlin	172.60	29.81	Leipzig	171.31	30.89
Bielefeld	166.58	29.67	Ludwigshafen	165.99	32.33
Bonn	164.54	30.78	Lübeck	169.52	28.01
Braunschweig	169.10	29.69	Magdeburg	170.47	29.97
Bremen	167.10	28.60	Mainz	165.87	31.76
Cottbus	173.84	30.61	Mannheim	166.01	32.33
Daun	164.09	31.29	München	169.83	34.24
Dortmund	165.16	30.03	Neubrandenburg	172.66	28.60
Dresden	173.02	31.32	Nürnberg	169.38	32.76
Duisburg	164.26	29.98	Oberhausen	164.39	29.96
Düsseldorf	164.25	30.21	Oldenburg/Holsn	169.82	27.58
Essen	164.58	30.01	Oldenburg/Old	166.38	28.45
Eisenach	168.65	31.03	Osnabrück	166.02	29.32
Erfurt	169.54	31.12	Potsdam	172.29	29.82
Frankfurt/O	174.17	29.99	Regensburg	170.65	33.35
Frankfurt	166.41	31.71	Rostock	171.32	27.93
Freiburg/Br	164.90	33.79	Saarbrücken	164.07	32.33
Fürth	169.27	32.73	Salzgitter	168.88	29.90
Gera	170.88	31.35	Salzwedel	169.96	29.14
Görlitz	174.63	31.30	Schwerin	170.39	28.34
Göttingen	168.26	30.39	Solingen	164.61	30.32
Greifswald	172.85	28.03	Stendal	170.81	29.48
Halle/Saale	170.81	30.69	Stralsund	172.52	27.77
Hamburg	168.62	28.26	Stuttgart	166.80	33.20
Hannover	168.14	29.48	Trier	163.75	31.71
Heidelberg	166.31	32.45	Weimar	169.94	31.16
Heilbronn	166.92	32.82	Wiedenbrück	166.27	29.83
Hildesheim	168.36	29.73	Wiesbaden	165.85	31.69
Kaiserslautern	165.12	32.25	Wilhelmshaven	166.33	28.03
Karlstadt	167.77	32.03	Wismar	170.48	28.07
Karlsruhe	165.84	32.83	Würzburg	167.96	32.24
Kassel	167.67	30.56	Wuppertal	164.70	30.23
Kiel	168.92	27.46	Zwickau	171.39	31.57
Koblenz	165.09	31.26			

Im Außendienst: der LNB

Eine herkömmliche Fernseh-empfangsanlage setzt sich meist aus einer Antenne – ohne eigene Elektronik, daher passiv genannt – mit Verbindungskabel und dem Fernsehgerät (mit aktiver Elektronik) zusammen. Im Gegensatz dazu versieht bei einer Satellitenanlage ein wesentlicher Teil des Empfängers seinen Dienst draußen an der Antenne. Ob Downconverter, LNC (Low Noise Converter), LNB (Low Noise Block) oder Outdoor-Unit: Alle Bezeichnungen meinen den aktiven Baustein im Brennpunkt der Parabolantenne, der das vom Satelliten ausgestrahlte Mikrowellensignal von rund 11 GHz um etwa 10 GHz »nach unten« umsetzt. Denn die sehr hochfrequenten Mikrowellen vom Satelliten lassen sich bestenfalls mit speziellen Hohlleitern, aber nicht mehr per Kabel übertragen. Daher transferiert eine aktive Elektronikstufe im Brennpunkt der Parabolantenne das Mikrowellensignal auf Frequenzen, die man mit Koaxial-Leitungen beherrschen kann.

Was sich im wasserdichten Gehäuse verbirgt: Das Innenleben eines LNB ist filigran, er arbeitet mit winzigen elektronischen Bauelementen. Die Hohlleiter für die Satellitensignale kann man kaum erkennen

Mikrowellen beim Satellitenfernsehen lassen sich nur mit solchen rechteckigen Metallrohren transportieren; der Fachmann spricht von Hohlleitern

Den nötigen Strom für die Stufe schickt der angeschlossene Receiver über das Kabel an den »Außendienstler«.
Besonders bei so schwachen Signalen wie den von den Satelliten kommt es vor allem auf die Rauschfreiheit an. Die technische Qualität des aktiven Umsetzers entscheidet über die erzielbare Bildqualität. Daher richten die Hersteller ihre Aufmerksamkeit vor allem darauf, das Rauschen möglichst gering zu halten. Das gab dem Baustein draußen im Brennpunkt der Antenne seinen Namen: *Low Noise Block* oder *Low Noise Converter* – auf deutsch: sehr rauscharm.
Drei Funktionseinheiten finden sich zu einem technischen Ganzen zusammen. Aus der Sicht des Satelliten treffen die vom Parabolspiegel gebündelten Wellen im Feedhorn ein, ei-

nem speziellen »Trichter« für Hochfrequenzsignale; dessen Öffnung ist meist durch ein dünnes Stück Kunststoff oder eine Folie abgedeckt.
Direkt dahinter befindet sich der Polarizer, der die vom Satelliten angelieferten Signale nach ihrer Polarisierung (horizontal/vertikal) auswählt; er wird vom Receiver aus ferngesteuert – über die Höhe der angelegten Versorgungsspannung (14 V schaltet auf vertikal, 18 V auf horizontal um). Ursprünglich wurde der LNB in seiner Halterung um 90 Grad gedreht, später entwickelte man Motorantriebe für diesen Zweck. Heute unterscheiden manche LNBs die eintreffenden Wellen mit elektrisch erzeugten Magnetfelder nach ihrer Polarisierung; andere Modelle weisen dazu zwei Empfangsstufen auf, zwischen denen umge-

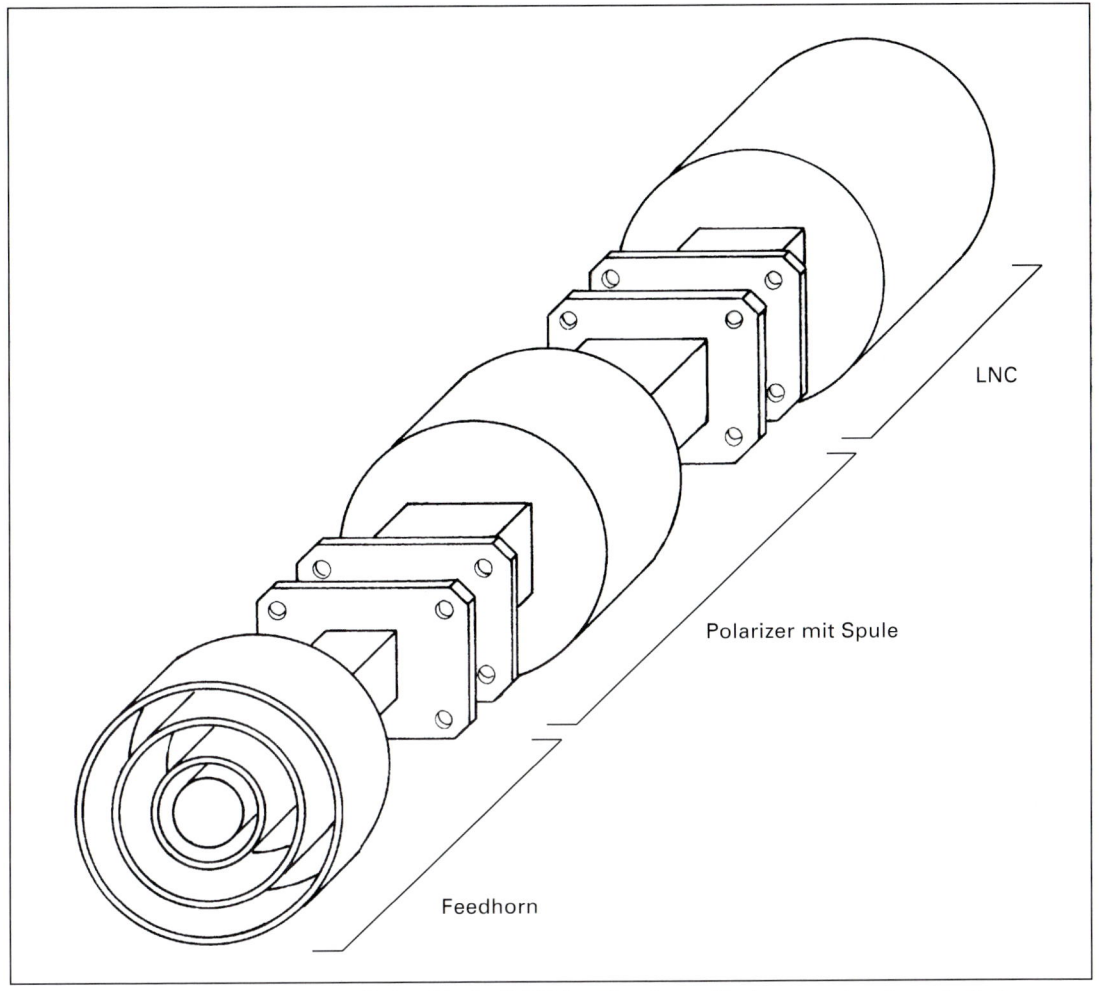

LNC

Polarizer mit Spule

Feedhorn

Hier alle Komponenten eines Low-Noise-Blocks (LNB) im Einzelnen. Moderne und preiswerte Anlagen fassen alle Module in einem gemeinsamen Gehäuse zusammen

schaltet wird. Dem Polarizer folgt der Signalumsetzer namens *LNC,* der die Frequenzumsetzung und eine kräftige Verstärkung besorgt.
Den kompletten Funktionsblock nennt man *Low Noise Block (LNB).* Genau genommen meinen die Bezeichnungen LNC und LNB also verschiedene Dinge, auch wenn man sie gleichbedeutend benutzt.
Drei Eckwerte beschreiben die

technischen Qualitäten eines LNB. Der wichtigste Wert, das Rauschmaß, in Dezibel (dB) angegeben, beschreibt, wie stark das vom LNB verursachte Rauschen ist, wie sehr die Empfangselektronik also schon an dieser Stelle die Bildqualität beeinträchtigt. Gute LNBs erzeugen weniger als 1 dB Rauschen. Der Eingangsfrequenzbereich (in GHz) legt fest, welches Frequenzband die LNB empfängt.

Die Oszillatorfrequenz (LOF, Local Oscillator Frequency) gibt an, um welche Mischfrequenz die Eingangssignale quasi »nach unten« umgesetzt werden; eine einfache Rechnung (Eingangsfrequenz minus LOF) führt zur erzeugten Ausgangsfrequenz. Beispiel: Ein astratauglicher LNB arbeitet mit einer Oszillatorfrequenz (LOF) von 9,75 GHz; er empfängt einen Bereich von 10,7 – 11,8 GHz.

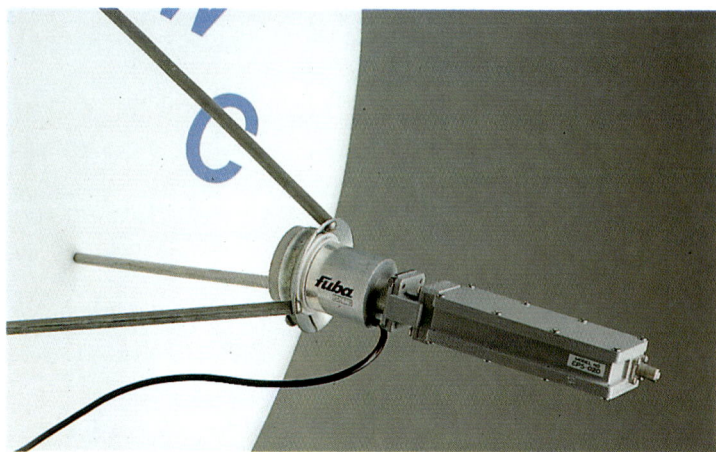

Dieser LNB besteht aus Feedhorn mit magnetischem Polarizer und daran angeflanschten Konverter, der die Mikrowellen von 11 GHz auf 1 bis 2 GHz heruntermischt

Empfangsfrequenzbereich quasi »verschieben«. Ältere LNBs in Verbindung mit ebenso alten Receivern sind beispielsweise nicht in der Lage, die über Astra 1D ausgestrahlten Sendungen zu empfangen, weil sie das entsprechenden Frequenzband (10,7 bis 10,95 GHz) nicht verarbeiten können. Hier hilft ein praktischer Konverter, der auf Wunsch die nötige Frequenzumsetzung ausführt. Als Umschaltkriterium eignet sich die bei vielen älteren Geräten vorhandene 0/12-Volt-Leitung, deren Schaltzustand ebenfalls auf die Stationstasten programmiert werden kann.

Die Ausgangssignale liegen zwischen 0,95 (10,7 – 9,75) und 2,05 GHz (11,8 – 9,75), das entspricht 950 bis 2050 MHz. Dies ist ein Bereich, den handelsübliche Breitband-Satellitenreceiver klaglos verarbeiten. Allerdings läßt ein Blick auf die Sendefrequenzen der verschiedenen Satelliten den technisch Versierten stutzen: das gesamte Band ist zu breit, als daß man es mit einem Typ LNC empfangen könnte. Denn manche Satelliten senden außerhalb des Frequenzbandes von 10,7 bis 11,8 GHz; sogenannte Fernmeldesatelliten arbeiten mit Sendefrequenzen zwischen 11,5 und 12,5 GHz. Will man – zum Beispiel mit einer drehbaren Antennenanlage – die Signale von allen derzeit empfangbaren Satelliten mit seiner Schüssel »einfangen«, muß man entsprechende Vorkehrungen treffen. Da der verwendete LNB alle in Frage kommenden Frequenzen verarbeiten soll, empfiehlt sich ein sogenannter Universal-LNB,

den man bequem ferngesteuert zwischen einem hohen und einem niedrigen Frequenzbereich umschalten kann. Mit der Versorgungsspannung (14/18 Volt) wird ja bereits die Polarisierung ausgewählt; also braucht man eine weitere technische Schaltfunktion. Dazu nutzt man ein zusätzlich auf die Leitung zum LNB schaltbares Signal: einen Ton von 22 kHz. Legt der Receiver das 22-kHz-Signal auf das Kabel zur Schüssel, reagiert ein geeigneter LNB darauf und schaltet zwischen den beiden Frequenzbereichen – hoch und niedrig – um. Wie die Polarisierung läßt sich der ein- oder ausgeschaltete 22-kHz-Ton mit auf einen der Programmspeicherplätze des Receivers programmieren, um den Universal-LNB auf den jeweils benötigten Frequenzbereich umzuschalten.
Als zweite Möglichkeit läßt sich, geeignet für bereits vorhandene Bausteine, mit einem nachträglich in die Leitung zum LNB eingeschleiften Modul der

Der Empfänger

Ob für Satelliten oder für irdische Sender – die analoge Empfängertechnik sieht ähnlich aus. Um die grundsätzliche Funktionsweise eines Fernsehers zu verstehen, werfen wir einen Blick auf das Blockschaltbild eines solchen Gerätes (rechts). Solche Blockschaltbilder verwenden Techniker immer dann, wenn es nicht so sehr auf spezielle Schaltungsdetails ankommt, sondern eher auf das grundsätzliche Verständnis von Zusammenhängen.
Am Eingang des Fernsehers, an der Antennenbuchse, kommen die von der Antenne gelieferten Signale an. Der folgende Kanalwähler sucht aus dem Angebot den vom Zuschauer gewünschten Sender heraus, verstärkt dieses Signal und setzt es in einem ersten Anlauf auf eine andere, tiefere Frequenz um, die Zwichenfrequenz (ZF). Dazu benötigt man einen

im Empfänger eingebauten Schwingungserzeuger, eine Art kleinen Sender, den wir im Blockschaltbild Oszillator genannt haben. Die Zwischenfrequenz (ZF) enthält nur noch das Signal des eingestellten Senders. Der ZF-Verstärker bringt die Signalstärke auf den zur Weiterverarbeitung nötigen hohen Wert. Die Demodulationsstufe danach trennt die Trägerfrequenz ab; übrig bleibt das eigentliche Bildsignal (FBAS). Die Signaltrennstufe siebt einerseits aus dem FBAS-Signal die Synchronimpulse (S) heraus, die weiter in Zeilen- und Bildsynchronimpulse zerlegt werden. Damit steuert die Ablenkstufe – die Endstufe für die Synchronsignale – das »Wandern« der Elektronenstrahlen der Bildröhre. Der Rest – das

Farb-Bild-Austast-Signal (FBA) – wird weiter in die Farbsignale für Rot, Grün und Blau zerlegt, welche nach einer kräftigen Verstärkung in den Farbendstufen die Elektronenkanonen in der Farbbildröhre steuern und damit für Helligkeit und Färbung des Bildes sorgen. Das Tonsignal gewinnt man durch Auskopplung der Ton-ZF, was am Ausgang der Mischstufe oder erst am Ausgang der Bild-ZF geschieht. Die ZF wird demoduliert (von der Trägerfrequenz befreit) und dem Stereodecoder zugeführt. Dieser wiederum trennt die Tonsignale in die beiden Stereokanäle (links und rechts), worauf die Tonendstufen für den nötigen Sound in den Lautsprechern sorgen. Alternativ zum skizzierten Weg

von der Antenne nehmen moderne Fernsehgeräte die unmodulierten Bild- (FBAS) und Tonsignale (links/rechts) über eine besondere Steckverbindung entgegen, die SCART genannt wird. Sie unterscheidet sich durch ihre Bauform von allen anderen, im Video- oder HiFi-Bereich verwendeten Steckverbindern und erlaubt den direkten Zugriff auf die Bild- und Tonausgabestufen, um beispielsweise die Aufzeichnung eines Videorecorders über den Fernseher abzuspielen. Ohne eine solche, direkte Anschlußmöglichkeit bleibt nur der Weg über einen sogenannten HF-Modulator, wie er im Videorecorder (und im Sat-Receiver) eingebaut ist: er bildet einen winzigen Fernsehsender, dessen »Programm« vom Video-

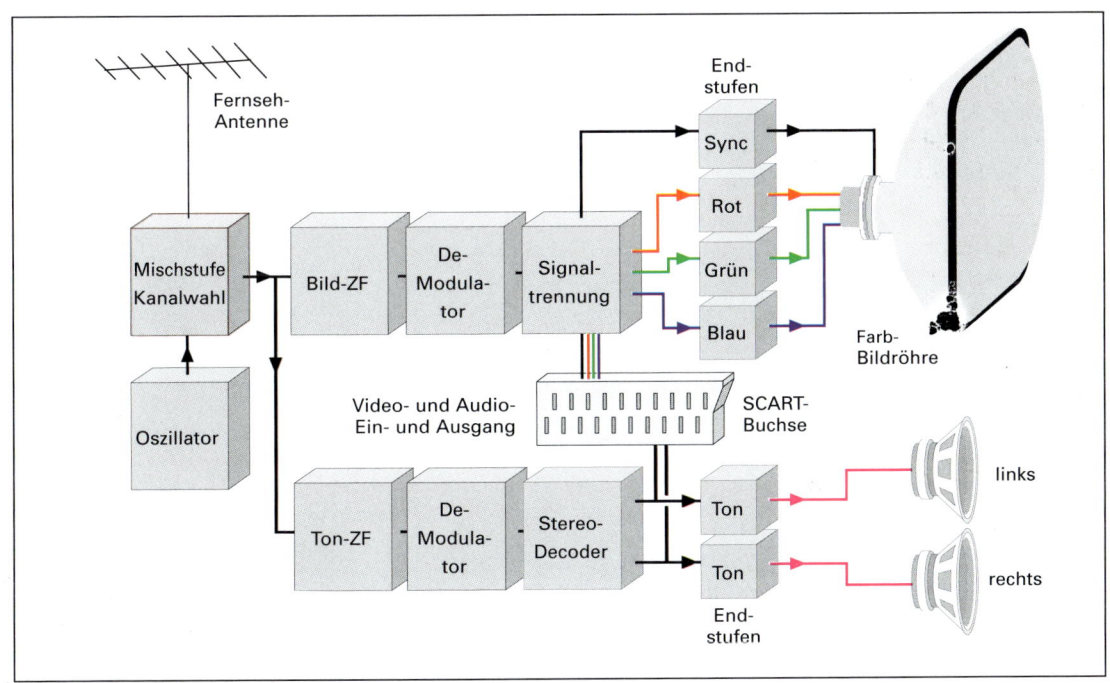

Das Blockschaltbild eines normalen Fernsehempfängers zeigt, wie die verschiedenen Funktionsblöcke – Bild- und Tonsignalverarbeitungsstufen – ineinandergreifen

recorder geliefert wird. Den Fernseher stellt man auf die von diesem kleinen Sender erzeugte Frequenz ein und bekommt das vom Videorecorder wiedergegebene Bild auf den Schirm (und den Ton aus den Lautsprechern).

Allerdings verursacht dieser »Sender« mitunter drastische Qualitätseinbußen, denn das betreffende Bild- und Tonmaterial wird zuerst vom HF-Modulator auf das Frequenzniveau eines Fernsehsenders »hochgesetzt«, dann über das Antennenkabel zum Fernseher übertragen, dort schließlich wieder demoduliert (»heruntergesetzt«) und in die ursprünglichen Video- und Toninformationen zurückverwandelt. Diese Bearbeitungsschritte und die entsprechenden Beeinträchtigungen der transportierten Signale kann man sich mit einer direkten Verbindung zur Bild- und Tonendstufe im Fernsehgerät sparen – über die SCART-Buchse. Sie eignet sich auch, um Fernseher und Sat-Receiver miteinander ohne Qualitätseinbußen durch einen HF-Modulator zu verbinden. Will man Videorecorder, Sat-Receiver und Fernsehgerät per SCART-Buchse miteinander verbinden, benötigt man aber meist ein Umschaltgerät.

Der Satellitenempfänger – kurz Sat-Receiver genannt – entspricht in der Funktion dem Tuner einer HiFi-Anlage. Er unterscheidet sich vom »normalen« Fernseher nur durch wenige Punkte: seine Eingangsstufe arbeitet mit höherer Bandbreite, außerdem stellt er für den LNB die nötige Stromversorgung bereit; zudem ist diese Spannung zur Auswahl der Polarisierung zwischen 14 und 18 V um-

schaltbar, was man zusammen mit der gewählten Frequenz auf eine »Stationstaste« programmieren kann. Beispielsweise zum Umschalten des LNB zwischen zwei Empfangsbereichen kommt das 22-kHz-Signal hinzu, das sich wie die Betriebsspannung für den LNB über die »Stationstaste« programmiert ein- und ausschalten läßt. Die Vielzahl der benutzten Trägerfrequenzen für den Ton (Ton-Unterträger) erfordert weitere Einstellmöglichkeiten.

Um zwei Empfangsgeräten – z.B. Fernseher und Videorecorder – unabhängig voneinander die Auswahl von Satelliten-Programmen zu gestatten, eignen sich sogenannte Twin-Receiver, die mit doppelter Empfangsstufe und unabhängigen Ausgängen ausgestattet sind. Allerdings setzen solche Geräte auch doppelt ausgelegte LNBs voraus.

Radio über Satellit

Was fürs Fernsehen gilt, trifft auch für den Rundfunk zu: freie Sendefrequenzen sind knapp. Einmal mehr spielen die Satelliten ihre Trumpfkarte der unübertroffenen Reichweite aus und empfehlen sich als Radiosender. Doch das Satellitenradio hat seinen Preis: Ein herkömmlicher UKW-Empfänger ist mit den »himmlischen Programmen« ebenso überfordert wie ein alter Fernsehempfänger mit dem Satellitenfernsehen.

Es ist naheliegend, zusätzlich zum Fernsehton Rundfunkprogramme auf weiteren Tonträgern auszustrahlen. Die Tabellen in den Fachzeitschriften

(siehe Anhang) weisen allerdings eine immer kleinere Zahl von Radiosendern aus, die im »Huckepack« irgendwelchen Fernsehprogrammen untergeschoben werden. Kein Wunder, denn der Empfang solcher Sender setzt voraus, daß der Sat-Receiver den Wünschen des Hörers entsprechend programmierte Audio-«Stationstasten« aufweist und mit der HiFi-Stereoanlage verbunden ist. Obendrein schließen sich Radiohören und Fernsehen via Satellit fast durchweg gegenseitig aus. Die Qualität des analogen Satellitenradios erweist sich als dem UKW-Rundfunk ebenbürtig.

Abhilfe soll die digitale Übertragung der Radioprogramme bringen. Doch die noch recht junge Technikgeschichte des Satellitenempfanges kann bereits von einer fulminanten Pleite berichten: vom *DSR (Digitales Satelliten-Radio)*, das in CD-Qualität über Satelliten anspruchsvolle Töne senden wollte. Doch die Receiver waren teuer, und DSR setzte eine eigene, kleine Schüssel voraus, meist auf den sonst wenig attraktiven Kopernikus ausgerichtet. Folglich erreichten die Zu-

Holt das Astra-Digital-Radio vom Himmel: der ADR-Tuner »Astrastar AX1« von TechniSat

Sampling

Wie alle akustischen Signale (Sprache, Geräusche) äußert sich Musik in Luftdruckschwankungen, die von Mikrofonen in Spannungsschwankungen umgewandelt werden. Um ein analoges Signal – es folgt der akustisch wahrnehmbaren Änderung des Luftdrucks analog – in einen digitalen Zahlenstrom umzusetzen, mißt man während eines kurzen Augenblicks die momentane Höhe der Signalspannung und speichert diesen Wert. Kurze Zeit darauf messen wir erneut, um einen weiteren Wert zu erhalten und ihn zu speichern. Diesen Vorgang nennt man »samplen« (engl. »eine Probe nehmen«).

Die gemessenen Zahlenwerte ergeben grafisch aufgezeichnet ein mehr oder weniger genaues Abbild des analogen, umgesetzten Signals. Je schneller die Messungen aufeinander folgen, desto genauer entsprechen die Zahlenwerte den tatsächlichen Luftdruckschwankungen; der Fachbegriff für die Häufigkeit der Messungen heißt Sample-Frequenz oder Sampling-Rate.

Will man Töne bis zu 20 000 Hertz übertragen, muß man mit einer Sampling-Rate von mindestens der doppelten Frequenz, also 40 000 Hz arbeiten, mit einer »Sicherheitsreserve« von etwa zehn Prozent mit 44 100 Hz, das sind 44,1 kHz.

Eine zweite Größe bestimmt die Exaktheit, mit welcher die digitalen Zahlenwerte der analogen akustischen Schwingung entsprechen: die Anzahl der Abstufungen, mit der wir die (analogen) Meß-Ergebnisse in (digitale) Zahlenwerte umwandeln, die sogenannte Auflösung. Sie gibt man auf computerdeutsch in »Bit« an, womit der zur Verfügung stehende Zahlenbereich beschrieben wird: mit 8 Bit kann man Zahlen zwischen Null und 255 darstellen, feinste Unterschiede der Signalstärke lassen sich damit aber nicht getreu abbilden. Erst mit 16 Bit reicht die Zahlenreserve – 0 bis 65535 – aus, um auch kaum spürbare Nuancen in digitale Werte zu übersetzen.

Die Musik-CD legt die beiden Kenngrößen der digitalen Übertragungsqualität auf 44,1 kHz Sample-Rate und 16 Bit Auflösung fest. Geht man von CD-Qualität in Stereo aus, kommt eine beachtliche Datenmenge von knapp 1,4 MBit/sec zusammen (das entspricht etwa 10 340 KByte/min) – eine Datenrate, die einen erheblichen »Platzbedarf« im Frequenzbereich eines Satelliten zur Folge hat: Beim DSR belegen 16 Musikkanäle in CD-Qualität die gleiche Sendekapazität wie ein Fernsehprogramm.

Komprimieren – Daten reduzieren

Eine geringere Transponderauslastung läßt sich erst mit geringerem Datenvolumen erzielen. Notwendig ist also eine Komprimierung der digitalen Audiodaten, ohne spürbaren Zeitverlust – und möglichst ohne wahrnehmbare Folgen für die übertragene Musik. Das im Audiobereich bekannte Verfahren *MUSICAM* benutzt dazu raffinierte Tricks, die vor allem auf dem Verdeckungseffekt beruhen. Diese Eigenheit des menschlichen Gehörs bewirkt, daß ein lauter Ton einen leiseren, gleichzeitig erklingenden Ton verdeckt – der leisere ist quasi unhörbar. Das gilt auch für Töne, die kurz nach oder sogar kurz vor dem lauteren erklingen. Spielen z.B. die Geigen eine Melodie, die von den Bläsern lautstark übertönt wird, kommt beim Zuhörer von den Geigen solange nichts mehr an, wie die Bläser sie »verdecken«. Die verdeckten, also unhörbaren Töne braucht man nicht zu übertragen, und das spart Übertragungskapazität. MUSICAM (auch bekannt unter *MPEG Audio-Layer II*) reduziert die zu übertragende Datenmenge für einen Mono-Audiokanal auf höchstens 192 KBit/sec (Stereo maximal 384 KBit/s). Entsprechend hoch fällt die »Packungsdichte« aus, mit der die ADR-Programme auf Astra erscheinen: pro Transponder lassen sich zusätzlich zum Fernsehton bis zu 12 digitale Tonunterträger aufschalten.

Bezahltes Hören

Ein weiterer »Nebeneffekt« des digitalen Rundfunks: Pay-Audio, Programme ohne Werbung und Wortanteile. Die digitalen Audiodaten werden dabei verschlüsselt, und nur der Zuhörer, der einen Decoder-Chip gekauft hat (und einen geeigneten ADR-Receiver besitzt), kommt in den Genuß der verschiedenen Programme, die nach Musikrichtung und -stil sortiert zusammengestellt werden. Für jeden Geschmack ist etwas dabei.

hörerzahlen – der hohen Übertragungsqualität zum Trotz – nicht die Werte, die zum dauerhaften Betrieb nötig gewesen wären. Daher sollte man auf den Kauf eines DSR-Receivers lieber verzichten.

Einen zweiten Anlauf, per Satellit Rundfunksendungen auszustrahlen, unternimmt die SES, die Betreibergesellschaft der Astra-Satelliten, mit *ADR*, dem *Astra Digital Radio*. Es funktioniert – bis auf wenige, aber entscheidende Unterschiede – ähnlich wie das aufwendige DSR-Verfahren: Die zu sendenden Töne werden digitalisiert übertragen, unbeeinträchtigt von Störungen, Rauschen und anderer funktechnischer Unbill.

Doch anders als beim DSR werden die digitalen Radioprogramme einem der ohnehin ausgestrahlten Satelliten-Fernsehsender als zusätzlicher Ton-

unterträger »untergeschoben«. Das gelingt dank eines weiteren Unterschieds zu DSR. Datenreduzierung heißt das Stichwort (siehe Kasten auf Seite 35); sie macht das von Hause aus sperrige CD-Audiomaterial so handlich, daß es sich via Satellit per Tonunterträger senden läßt.

Bei den anspruchsvollen Hörern von Programmen mit vorwiegend klassischer Musik gilt die Übertragung mit Datenreduzierung als nicht originalgetreu, ein Nachteil, der auch für die Digitale Compact-Cassette (DCC) gilt. Bei Pop und Rock dagegen soll die Datenreduzierung fast unhörbar bleiben. Mit einem normalen Astra-Sat-Receiver kann man ADR nicht empfangen; dazu benötigt man einen speziellen ADR-Tuner. Erfreulicherweise kommt ADR ohne zusätzliche Schüssel aus, sofern der radio-interessierte

Haushalt bereits über eine Astra-Empfangsanlage verfügt. Dann genügt es, den LNB gegen eine Doppelausführung auszuwechseln, damit der ADR-Receiver unabhängig vom Sat-Fernsehen auf die vertikal und horizontal polarisierten Signale zugreifen kann.

Ein weiteres Feature soll ADR für diejenigen interessant machen, die Dauermusik ohne Worte möchten. Per »Pay-Audio« (siehe Seite 35) kommen bezahlte Wunschprogramme ins Haus – ohne Werbung.

Videotext

Seit geraumer Zeit sieht man auf modernen Fernsehgeräten immer häufiger seltsame Textseiten, die an »Bildschirmtext« erinnern – damit haben diese Informationsangebote aber nichts zu tun. Stattdessen geht es um Videotext, einen Service der Fernsehanstalten, die aktuelle Nachrichten, Wettermeldungen, Infos zum eigenen Programm oder Börsenkurse verbreiten. Dazu besann man sich auf die ungenutzten Transportkapazitäten, die im normalen Fernsehbild schlummern. Von den 625 Bildschirmzeilen, welche die Norm vorsieht, werden etwa 40 nicht mit Bildinhalten gefüllt und von der Bildröhre im Fernsehgerät nicht angezeigt. Diesen Platz nutzt Videotext, um fortlaufend eine Vielzahl von Info-Seiten zu übertragen. Wie im Paternoster-Fahrstuhl tauchen alle Seiten des aktuellen Angebotes nach und nach wieder auf. Die meisten modernen Fernsehgeräte bieten einen Pufferspeicher, der eine Anzahl Videotext-

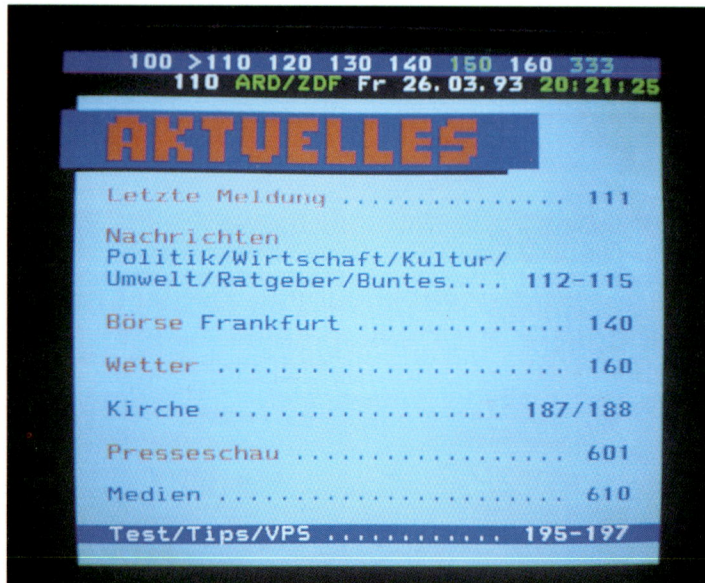

Ein Videotext-Decoder holt die in den Leerzeilen des Fernsehsignals transportierten Info-Seiten auf den Schirm

Seiten lagern kann. Über die Fernbedienung des Gerätes (oder auch über die Tastatur eines Computers mit geeignetem Decoder) holt man sich die gewünschte Info-Seite auf den Schirm. Wichtigstes Orientierungsmittel ist dabei die Seiten-Nummer, die meist in einem festen Raster vergeben wird (ein fiktives Beispiel: ab Seite 300 gibt es Sportnachrichten). Die öffentlich-rechtlichen Sendeanstalten und etliche private Fernsehsender bieten eigene Info-Seiten an. So kann man bei einer großen Zahl Programmanbieter auf die Jagd nach jeweils unabhängigen Informationen gehen. Von der Regierungskrise bis zu den Lotto-Zahlen: kaum hat das Ereignis stattgefunden, schon steht's im Videotext – meistens.

Fernsehen im Abo: Pay-TV

Mehr und mehr greift im Fernsehen die Werbung um sich, und alle paar Minuten wechselt das Programm, um mehr oder weniger störenden Werbeblökken Platz zu machen. Das geht einer wachsenden Anzahl Zuschauern auf die Nerven. Geschäftstüchtige Leute haben daher spezielle Programme erfunden, die ohne Werbung ausgestrahlt werden – dafür aber eine monatliche Gebühr kosten. Diese *Pay-TV-Stationen* (Pay-TV heißt im Deutschen soviel wie »bezahltes Fernsehen«) senden beispielsweise aktuelle Spielfilme, deren Senderechte das »normale« Fernsehen noch nicht gekauft hat, und verzichten auf die Werbeblöcke.

Wer sein Abo bezahlt hat, bekommt einen »Schlüssel«, eine vergossene Elektronik-Platine. Die steckt er in einen Decoder – ein Gerät, das etwa so groß ist wie ein Sat-Receiver. Der Decoder wird über besondere Buchsen in die Signalleitung vom Sat-Receiver zum Fernseher eingeschleift. Er macht nach der Maßgabe des Schlüsselmoduls die ausgestrahlten Sendungen überhaupt erst ansehbar. Ohne den Schlüssel erscheint nur seltsames Geflimmer auf dem Bildschirm. Findige Köpfe haben versucht, auch ohne (recht teuren) Original-Schlüssel mit trickreich programmierten Modulen einen ungestörten Empfang zu erreichen, und diese Module zu verkaufen. Damit riefen sie die Anwälte der Sender auf den Plan – und halsten sich kostspielige Prozesse auf. Deren Ergebnis: eine »Freischaltung« der Pay-TV-Programme per Fremdschlüssel wird von den europäischen Gerichten als unrechtmäßig angesehen. Obendrein haben die Pay-TV-Sender alle technischen Möglichkeiten mobilisiert, um ihre Programme gegen unberechtigtes Anschauen zu schützen. So werden die Originalkarten vom Sender aus via Satellit ferngesteuert verändert, um ein neues Entschlüsselungsverfahren zu installieren. Die Piratenkarten können damit kaum mehr mithalten. Unterm Strich sind die »geknackten« Schlüsselmodule – auf Dauer gesehen – kaum billiger. Es lohnt sich also nicht, mit »Fremdschlüsseln« fernzusehen.

Satellitenanlagen nach Maß

So zahlreich wie die Programme oder die Geräte-Anbieter sind die Möglichkeiten, um eine Satelliten-Empfangsanlage zusammenzustellen. Ob man sich mit einem einzigen Himmelssender begnügt oder möglichst alle »hereinkriegen« möchte, ob man allein baut und nutzt oder mit den Nachbarn: es ist fast alles machbar, was man sich an Anlagenkonzepten vorstellen kann. Erfreulich dabei, daß nahezu alle Konstellationen auch in Eigenregie und mit den Mitteln eines engagierten Heimwerkers einigermaßen problemlos zu realisieren sind. Solange ein einzelner Satelliten-Receiver installiert werden soll, bleibt eine entsprechende Anlage überschaubar. Geht es aber nur darum, dem Videorecorder einen »eigenen« unab-

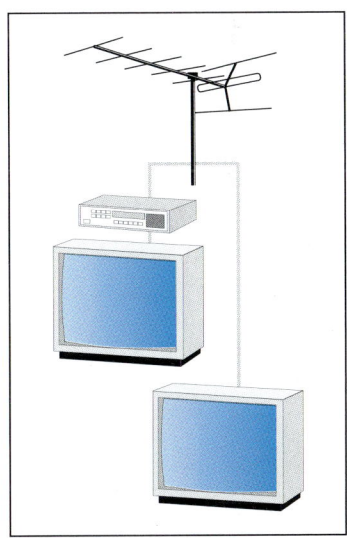

Einfach, linear und nahezu beliebig erweiterbar: die terrestrische Antennenanlage

hängigen Zugriff aufs Satelliten-fernsehen einzuräumen oder gar für mehrere Zuschauer eine gemeinsame Empfangsanlage aufzubauen, macht sich ein wesentlicher Unterschied zum »normalen« Fernsehen bemerk-bar, der in der Polarisations-wahl begründet ist. Ob für mehrere Zuschauer oder einen einzelnen – Antennenanlagen für das terrestrische Fernsehen sind fast immer nach dem glei-chen Strickmuster gebaut; große Gemeinschaftsantennen-anlagen lassen wir hier mal unberücksichtigt. Einzelanlagen sind fast beliebig erweiterbar: Wer noch einen Fernsehan-schluß im Keller braucht, ver-längert einfach das Kabel und montiert noch eine Dose. Reicht die Antennenspannung wegen des langen Kabels nicht mehr aus, installiert man auf dem Dachboden einen Anten-nenverstärker – fertig! Nicht so bei Satellitenanlagen: Wegen der Umschaltung der Polarisation, die zwangsläufig direkt am LNB geschehen muß, ist es etwas aufwendiger, einen Sat-Anlage für mehr als einen Teilnehmer aufzubauen. Wenn nämlich der eine (der »erste«) Teilnehmer den LNB auf horizontale Polarisierung geschaltet hat, stehen allen an-geschlossenen Empfängern ebenfalls nur die horizontal po-larisierten Programme zur Ver-fügung. Jeder Teilnehmer soll aber un-abhängig von den anderen zwi-schen allen Programmen eines Satelliten auswählen können. Völlig aussichtslos wird es, wenn jemand mit einer drehba-ren Schüssel mehrere Satelli-ten empfangen und das Signal in eine Mehrbenutzeranlage einspeisen möchte: Das geht

nicht, denn alle Mitbenutzter wären von seiner Satelliten- und Polarisierungswahl ab-hängig. Dennoch lassen sich sinnvoll aufgebaute Mehrbenutzeranla-gen installieren – eine korrekte Planung vorausgesetzt. Tatsächlich hängt der eigentli-che Aufwand vor allem von der Konzeption der Anlage ab: wie-viele Receiver/Fernsehgeräte sollen aus der Schüssel ver-sorgt werden, und wieviele Sa-telliten möchte man empfan-gen? Je mehr Satelliten und/oder angeschlossene Receiver, desto höher steigen die Kosten, die man einkalkulieren sollte. Die einfachste Kombination be-steht aus einer preiswerten, re-lativ kleinen Schüssel mit nor-malem LNB, einem Satelliten-Receiver mitsamt der nötigen Kabelverbindung und dem Fernseh-Gerät; sie wird Einzel-anlage (im Marketingjargon Single Set) genannt. Kommt ein weiterer Empfänger hinzu – auch wenn »nur« der Videorecorder unabhängig vom auf dem Fernseher laufenden Programm TV-Bilder vom Satel-liten aufzeichnen soll (belieb-tes, weil bekanntes Beispiel: Krimi versus Fußball) –, muß man entsprechend vorsorgen; dann ist von einer Mehrbe-nutzeranlage die Rede, die für zwei (Twin oder Double Set für Nachbarn oder Videorecorder als »Zweiten im Bunde«) oder für mehrere Empfänger ge-dacht ist. Preiswerte Multiswitch-Module erlauben derzeit bis zu acht Teilnehmern eine gemeinsame Nutzung der Sat-Anlage. Mit ei-nem Matrix-System erhöht sich die Anzahl der Sat-Benutzer auf 24 und, je nach Bauart, auch mehr.

Steigt andererseits die Zahl der zu empfangenden Satelliten, wächst der technische Auf-wand ebenfalls. Für bis zu drei Satelliten, die in direkter Nach-barschaft zueinander am Him-mel stehen, empfiehlt sich eine »Schielende Lösung«, die mit einer feststehenden Schüssel, aber mehreren LNBs und einer Umschaltlogik für die LNBs auf-wartet. Sie läßt sich mit relativ einfachen Mitteln auch für mehrere Benutzer ausbauen. Der Einzelbenutzer mit höch-sten Ambitionen wird sich der Polarmount-Anlage widmen; sie holt je nach Standort und Justagegenauigkeit tatsächlich alle empfangbaren Satelliten herein, die denkbar sind. Sie gilt allerdings zu Recht als teu-erste Lösung und verlangt eine sehr sorgfältige Montage bei einer stabilen mechanischen Basis. Etwas preiswerter fällt eine Anlage mit motorisch ver-schiebbarem LNB aus (bei-spielsweise die MultiFeed von

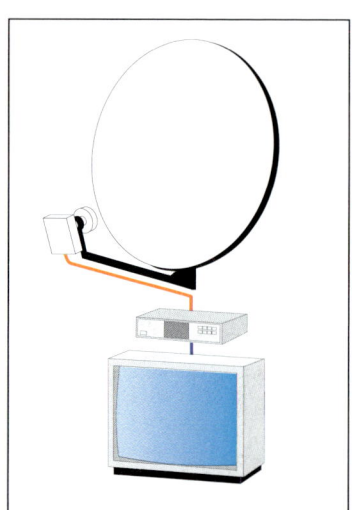

Klassisch und meist problemlos: die Single-Satellitenanlage für einen Empfänger

Ankaro). Sie basiert auf dem Effekt, auf dem auch eine Schiel-Anlage aufbaut, und bewegt nur den LNB vor der feststehenden Schüssel. Diese Konstruktion erlaubt den Empfang von Satelliten, die bis zu 12 Grad auseinanderliegen.

Einzel-Anlage (Single Set)

Mit minimalem Aufwand und meist ebensolchen Kosten ist eine Empfangsanlage verbunden, die für einen Empfänger auf einen Satelliten ausgerichtet ist. Im deutschsprachigen Raum dürfte das in den allermeisten Fällen eine Astra-Lösung ein, da diese Satellitenfamilie alle wichtigen Sender verbreitet. Prinzipiell eignet sich eine solche Anlage aber auch zum Empfang anderer Satelliten, die allerdings in dem gleichen Frequenzband senden müssen (z.B. Eutelsat) – eine entsprechende Ausrichtung der Schüssel vorausgesetzt.
Eine schlichte Astra-Anlage besteht aus zwei großen Funktionsblöcken. Im Außenbereich (Outdoor) befindet sich die Parabol-Schüssel mit dem LNB, im Innenbereich (Indoor) versorgt der eigentliche Empfänger – Sat-Receiver genannt – den vorhandenen Fernseher mit den Signalen vom Satelliten. Die Verbindung zwischen Indoor- und Outdoor-Unit stellt ein hochwertiges Koaxialkabel her, das zum einen die Hochfrequenzsignale von der Antenne zum Empfänger transportiert, in der anderen Richtung den Versorgungsgleichstrom und die Steuersignale vom Empfänger zum LNB leitet.
Zum üblichen Komfort zählt ei-

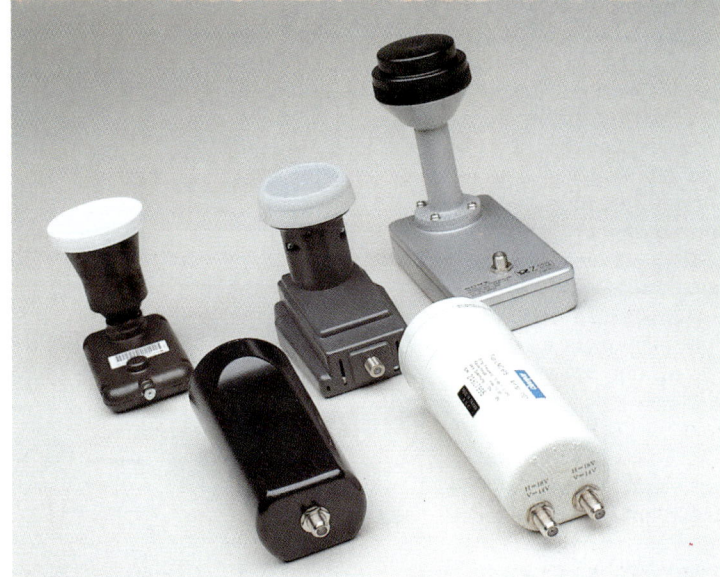

LNBs gibt es in verschiedensten Ausführungen: als Single- oder Doppelausführung (unten rechts) – dann genügt er für fast alle Zwecke

ne Fernbedienung für den Sat-Receiver. Eine SCART-Buchse für die möglichst direkte Verbindung zum Fernsehgerät dient der Bild- und Tonqualität (siehe Abbildung auf Seite 33); auch sie gehört zum Standard-Repertoire.
Ein Astra-Sat-Receiver wird in den allermeisten Fällen vorprogrammiert geliefert; ohne fummelige Parametereingaben funktioniert die Anlage bereits beim Ausrichten der Schüssel – und gerade dabei, beim exakten Justieren des Antennenspiegels, macht sich die Vorbelegung sehr schnell bezahlt. Einerseits braucht man nicht doppelt zu suchen: am Receiver nach einer vom gewünschten Satelliten belegten Frequenz, am Mast nach der korrekten Position. Andererseits darf man sicher sein, den richtigen Satelliten »erwischt« zu haben, wenn Senderlogo und Programm-

bezeichnung übereinstimmen. Eine mitgelieferte Tabelle mit den Stationsnummern und den darauf programmierten Frequenzen und Tonunterträgern erleichtert den Betrieb, vor allem aber die spätere Anpassung des Receivers an eine eventuelle Umbelegung der Satelliten-Transponder.
Nur in den absolut billigsten Fällen – aus der Kiste »Sonderangebote« – sollte man sich mit einem nicht vorbelegten Receiver zufrieden geben. Wenigstens zur ersten Inbetriebnahme der Anlage leiht man sich sinnvollerweise aber einen Empfänger aus, der die gewünschten Programme des betreffenden Satelliten bereits auf »Knopfdruck« einstellt.
Im Haus übermittelt der Sat-Receiver – ähnlich einem Videorecorder – das ausgewählte Programm entweder über eine Videoleitung (SCART, DIN-AV)

oder über das normale Antennenkabel an den Fernseher. Damit sich die Signale von der normalen Fernsehantenne und das Satellitenfernsehen nicht gegenseitig ausschließen, koppelt der Sat-Receiver beide Signale auf einer Leitung zusammen. Am Fernseher wählt man einen bislang unbenutzten Kanal für den Satellitenempfänger (z.B. Stationstaste 9); das »normale« Fernsehen liegt dann nach wie vor auf den Stationstasten, die weithin fast immer so belegt sind: »1« (ARD), »2« (ZDF), »3« (Drittes Programm) und so fort – und auf »9« liegt nach der Instalation das vom Sat-Receiver stammende Signal. Will man zwischen den Satellitenprogrammen umschalten, muß man das am Sat-Receiver oder über seine Fernbedienung tun, der Fernseher bleibt dabei auf Station »9« eingestellt.

Für eine Einzelempfangsanlage reicht eine Standard-Parabol-

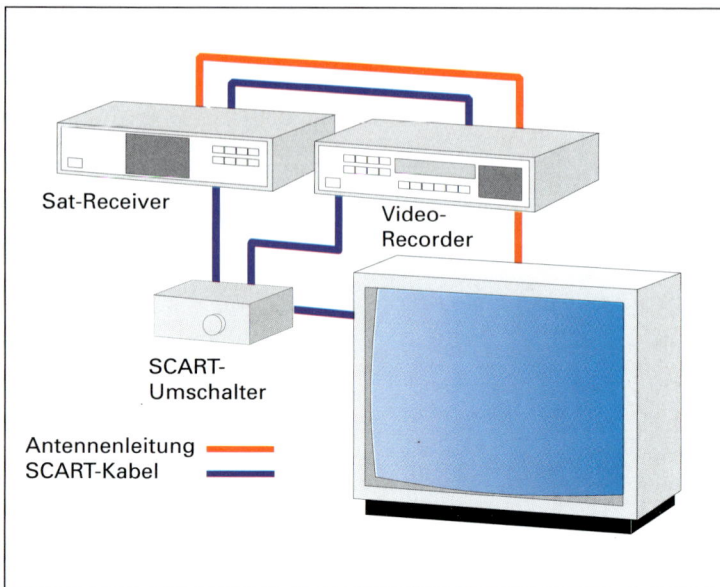

Per SCART-Verbindung oder über das Antennenkabel gelingt die Kopplung von Receiver, Videorecorder und Fernseher problemlos

schüssel der preiswerten Sorte meist völlig aus. Die erforderliche Größe hängt von mehreren Faktoren ab, unter anderem von der Sendeleistung des angepeilten Satelliten und von der Position der Parabol-Antenne. Wie man zu einer verläßlichen Abschätzung der Schüsselgröße kommt, erklären wir im Praxisteil ab Seite 48.

Twin-Lösung: Fernseher und Videorecorder

Um Fernseher einerseits und Videorecorder andererseits – natürlich beide unabhängig voneinander – in Sachen Satellitenempfang einsetzen zu können, bauen manche Hersteller sogenannte *Twin-Receiver*. Sie arbeiten zusammen mit einem doppelt ausgelegten LNB (zwei technische Einheiten in einem Gehäuse) und enthalten zwei

völlig voneinander getrennt funktionierende Empfangsbausteine. Während der »normale« Teil wie üblich per Fernbedienung oder Tastensatz am Gerät bedient wird, wartet der zweite Empfänger im Hintergrund auf den Befehl einer Zeitschaltuhr, die – vom Benutzer vorher programmiert – den Receiver zum vorbestimmten Zeitpunkt aktiviert und auf das ausgewählte Programm schaltet.

Aber auch mit einem Twin-Receiver erfordert die »automatische« Videoaufnahme einige Programmiererei. Zunächst muß der Sat-Receiver zum betreffenden Zeitpunkt den gewünschten Sender empfangen; dank mehrerer Timer-Plätze nehmen viele Doppel-Receiver nicht nur Einzelaufträge an. Obendrein erwartet der Videorecorder genaue Weisung, wann er die Aufnahme starten und beenden soll. Nur

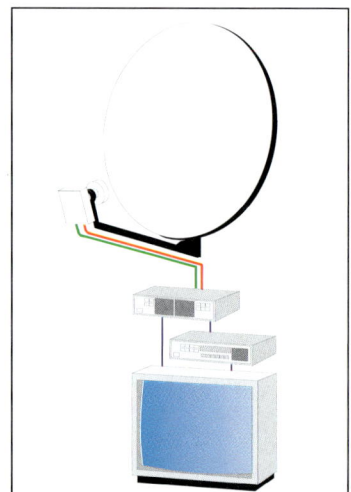

Die Twin-Anlage enthält LNB und Receiver mit je zwei unabhängigen Funktionsmodulen für Videorecorder und Fernseher

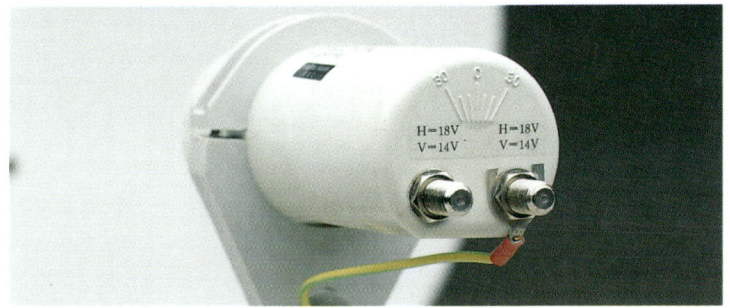

Doppel-Konverter (Twin-Ausführung) in einem gemeinsamen Gehäuse: für zwei Benutzer je ein eigener LNB

tennenbuchse des Fernsehgeräts führt. Letzteres »empfängt« die Signale des Videorecorders auf einer entsprechend eingestellten Stationstaste. Besitzer eines Videorecorders mit zwei (SCART-) Eingangsbuchsen können über solche Spitzfindigkeiten wohl nur lächeln; leider sind entsprechend ausgestattete Geräte meist ziemlich teuer und deshalb eher selten.

wenn beide Schritte fehlerfrei programmiert und korrekt ausgeführt wurden, findet man die gewünschte Sendung auf der Kassette.

Im Sinne bestmöglicher Aufnahmequalität ist es ratsam, die Verbindung zwischen Sat-Receiver und Videorecorder mit einem SCART-Kabel vorzunehmen; es koppelt die Video- und Audiosignale ohne unnötige Umwege (durch den HF-Modulator) direkt zur Eingangsstufe des Recorders. Tücke des Objekts: der Recorder wiederum muß sich auch auf den SCART-Eingang (häufig Line genannt) programmieren lassen – sonst landet wieder nur Schnee auf dem Band. Ganz problemlos ist allerdings auch der Umgang mit SCART-Kabeln nicht. Die 21polige Buchse enthält sowohl Kontakte für die Eingangs- wie für die Ausgangsverbindung. Je nach technischer Ausführung stellt ein SCART-Kabel eine einfache (vom Ausgang eines Gerätes zum Eingang des anderen) oder eine Zweiweg-Verbindung her.

Will man Fernseher, Videorecorder und Sat-Receiver via SCART miteinander verbinden, baut man mit etwas Pech eine sogenannten Rückkopplungsschleife; Video- und Tonsignale laufen quasi »im Kreis«: vom Ausgang des Videorecorders in den Fernseher, von dort wieder in den Eingang des Recorders. Auf dem Bildschirm sieht man nur wild durchlaufende Zeilen, aus den Lautsprechern dringt nerviges Brummen oder Pfeifen. Abhilfe verspricht entweder eine (selbstgestrickte) Spezialverkabelung oder ein SCART-Umschaltgerät. Folglich bleibt die ausschließliche SCART-Verkabelung eine etwas fummelige und fehlerträchtige Sache: bei der programmierten Aufnahme muß man noch einen Schalter mehr in die richtige Stellung bringen.

Deshalb kombiniert man am besten SCART- und HF-Verbindungen (via HF-Modulator). Bietet der Twin-Sat-Receiver zwei getrennte SCART-Ausgangsbuchsen, verbindet man Videorecorder und Fernsehgerät per SCART mit dem Sat-Receiver. Beide Geräte bekommen also bestmögliche Signalqualität. Aufgezeichnete Videokassetten schaut man sich über eine per HF-Verbindung (Antennenkabel) aufgebaute Leitung an, die aus der Antennen-Ausgangsbuchse des Videorecorders in die An-

Doppel-Moppel für zwei

Wer sich mit einem Nachbarn zusammentut, kann beim Kauf einer Satelliten-Anlage manche Mark sparen.

Technisch besteht die Doppelanlage aus einem normalen Antennenspiegel, der in seiner LNB-Halterung ein Modul mit zweifachem Innenleben beherbergt. Wie bei der Twin-Anlage

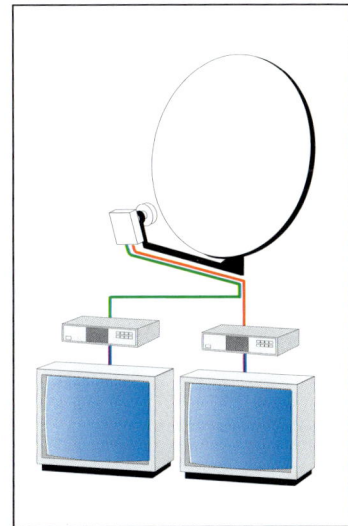

Im Double-Set: Zwei Receiver »teilen« sich eine Schüssel und einen Dual-LNB

arbeiten praktisch zwei Funktionseinheiten völlig unabhängig in einem Gehäuse; jeder Receiver verfügt also über einen »eigenen« LNB.
Von außen erkennt man die »Doppelgänger« an den zwei Anschlußbuchsen für die Antennenstecker. Doch Vorsicht: Ein LNB, der auf dem einen Ausgang fest auf vertikale Polarisierung und auf dem anderen dauernd auf horizontal geschaltet ist, eignet sich für eine Doppel-Anlage nicht.
Fällt die Kabelverbindung zu einem Receiver länger als 20 m aus, kauft man sinnvollerweise einen besonders rauscharmen LNB. Doch kein Grund zur Besorgnis: Hochwertige Receiver liefern selbst bei Kabeln über 35 m Länge noch ordentliche Bilder – einen entsprechend guten LNB vorausgesetzt.

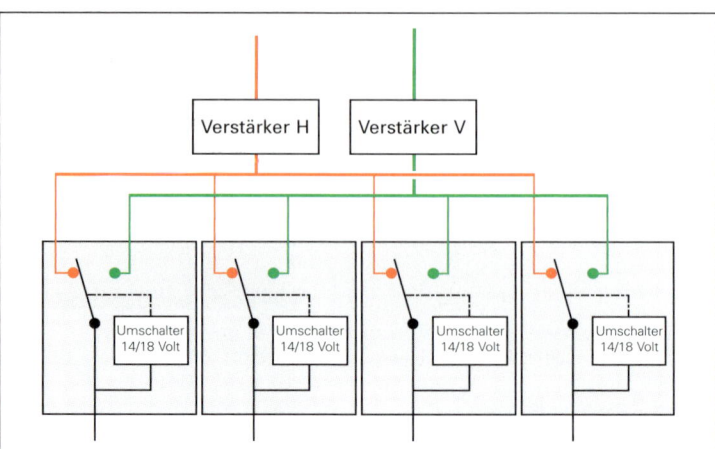

Vier Ausgänge greifen auf die Signale des angeschlossenen Doppel-LNB zu. Die ankommende Spannung vom Receiver entscheidet zwischen horizontal und vertikal polarisiertem Signalanteil

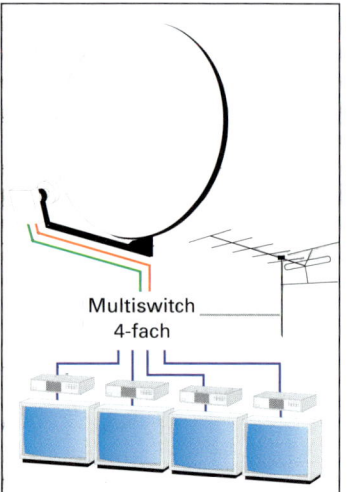

Ein Multiswitch verteilt die Satelliten-Signale und terrestrisches Fernsehsignal auf vier Benutzer

Vierfach-Anlage

Was schon zweifach funktioniert, klappt auch für vier – oder? Ganz so einfach wie die Doppelanlage läßt sich ein »Quadro«-Set nicht installieren. Daß es dennoch klappt, verdankt man einem raffinierten Baustein, der die Signale vom LNB sinnreich verstärkt und verteilt: Dem Vierfach-Multiswitch, der aus einem Doppel-LNB mit den Satellitensignalen beliefert wird. Er fungiert als schaltender Verteilverstärker und bezieht vom Doppel-LNB dauernd die vertikal und horizontal polarisierten Signale, die verstärkt auf einer Schaltschiene auflaufen. Von dort greifen die Ausgangsmodule die Signale ab, und zwar je nach dem, welche Spannung vom angeschlossenen Sat-Receiver ankommt, welche Polarisationsebene also gewünscht ist. Da beide Signale dauerhaft zur Verfügung stehen, kann jedes den Ausgangsverstärker unabhängig von anderen Modulen frei wählen. Auf diese Weise täuscht ein Multiswitch dem angeschlossenen Receiver vor, er verfüge über einen »eigenen« LNB, bei dem er zwischen vertikaler und horizontaler Polarisierung wählen kann. Bei manchen Modellen läßt sich neben den Satelliten-Signalen auch das Antennensignal des terrestrischen Fernsehens in die Ausgangsleitungen einkoppeln. Dann installiert man am Ende des vom Multiswitch zum Receiver führenden Kabels eine spezielle Antennendose mit Weichenfunktion, welche die Signale dem jeweils passenden Gerät zuteilt. Diese Anschlußdose muß ausdrücklich für Satellitenzwecke geeignet sein und Gleichspannung ungehindert durchlassen (Stichwort: DC-tauglich) – sonst kann die Polarisationsumschaltung nicht funktionieren.
Alternativ zum »echten« Doppel-LNB in der sogenannten Twin-Ausführung – er weist zwei unabhängige, frei zwischen vertikal und horizontal

umschaltbare Funktionseinheiten auf – eignet sich für eine Multiswitch-Anlage auch ein Dual-Modell. Dabei ist jede »Hälfte« auf eine Polarisationsebene festgelegt und von außen nicht umschaltbar. Die Kataloge einschlägiger Anbieter unterscheiden auch zwischen den »HV/HV«- (Twin) und »H/V«-Ausführungen (Dual). Da häufig eine Twin-Ausführung kaum mehr kostet (wenn überhaupt) als ein Dual-Typ, verdient der Twin-LNB den Vorzug.

Matrix für einen Satelliten

Bis zu acht Teilnehmer kann man mit einem handelsüblichen Multiswitch versorgen. Für größere Teilnehmerzahlen plant man am besten eine sogenannte Matrix-Anlage ein. Sie besteht aus einzelnen Geräten, die im Grunde auf die

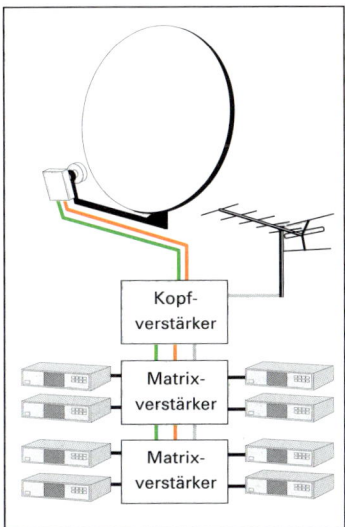

Bis zu 24 Receiver versorgt eine solche Matrix-Anlage aus einem gemeinschaftlichen Doppel-LNB

Funktionalität eines Multiswitches aufsetzen, aber die einzelnen Module (Verstärker und Schaltverteiler) getrennt in eigenen Gehäusen unterbringen. Im Vergleich zum »einfachen« Multiswitch gleicht bei einem Matrix-System ein Leitungsverstärker die durch die Kabeldämpfung auftretenden Signalverluste soweit aus, daß die gesamte Installation deutlich weiträumiger als eine einfache Multiswitch-Anordnung ausfallen darf.

Ein Matrixsystem besteht zunächst aus dem Kopfverstärker, der die Verbindung zum Doppel-LNB herstellt. Meist montiert man ihn zusammen mit einem Netzteil in unmittelbarer Nähe der Schüssel. Der Kopfverstärker schickt die vom LNB stammenden Signale auf zwei Leitungen – je eine für die horizontale und die vertikale Polarisationsebene.

Die Matrix-Verteilverstärker greifen auf die beiden Leitungen zu und schalten das vertikale oder horizontale Signal in Abhängigkeit der angelegten Spannung am Receiveranschluß (14/18 V) an den Ausgang durch. Die Verbindung zu den anzuschließenden Receivern erfolgt über spezielle Sat-Antennendosen, die sowohl »normale« Antennensteckverbinder als auch den satellitentypischen F-Stecker aufweisen; sie müssen satellitentauglich sein, um die Polarisierungswahl nicht zu stören.

Wie bei der Multiswitch-Anlage nimmt das Matrix-System seine Signale von einem doppelten LNB entgegen: damit jeder Teilnehmer frei auf die beiden Signale – vertikal und horizontal polarisiert – zugreifen kann, werden sie getrennt über ein

Leitungsnetz übertragen und erst dort, wo die Abgreifpunkte sich befinden, mit Verteilmodulen abgeholt. Am Ende der Strang-Leitungen verhindern Abschlußwiderstände störende Leitungsreflexionen.

Die Matrix-Anlage läßt sich trotz ihrer hohen Flexibilität einfach installieren. Allerdings muß man auch hier wie bei der Multiswitch-Anordnung die speziellen Sat-Antennendosen mit Weichenfunktion einsetzen, damit die Signalzuordnung klappt.

Mehrere Satelliten empfangen

Mit einer Schüssel kann man auch mehrere Satelliten empfangen. Zwei Möglichkeiten führen zu unterschiedlichen Bauformen. Die sogenannte »schielende Anordnung« stellt mit einem oder zwei zusätzli-

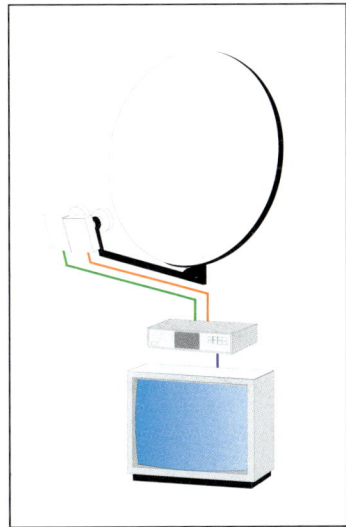

Mit zwei LNBs und einer Schüssel empfängt man zwei Satelliten – dank schielender Montage

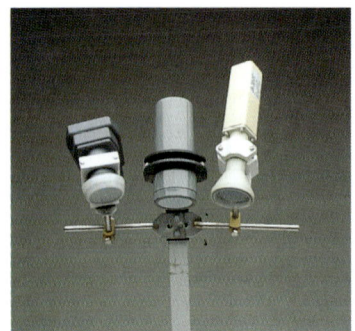

Drei Satelliten auf einen Schlag: diese Kombination holt alles aus einer Schüssel heraus

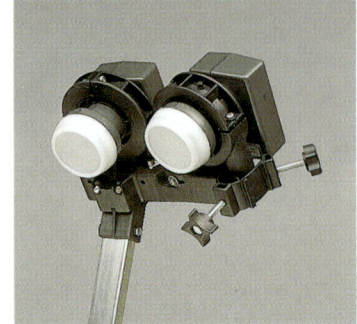

Eine solche Doppelhalterung bringt auch nachträglich eine Anlage zum »Schielen«

Eine satellitentaugliche Antennendose läßt auch die Steuerspannung vom Receiver durch

chen LNBs, die auf »benachbarte« Satelliten ausgerichtet sind, zusätzliche Empfangskapazität bereit. Die andere Möglichkeit sieht eine per Elektromotor drehbare Schüssel vor, die automatisch auf den gewünschten Satelliten ausgerichtet wird. Um diese »Polarmount«-Konstruktion geht es in einem eigenen Abschnitt.

Woraus besteht die »schielende Anordnung«? Pfiffige Zeitgenossen kamen auf die Idee, neben dem »Haupt«-LNB einen weiteren anzuordnen. Der erste sitzt im eigentlichen Brennpunkt des Spiegels und ist mit der Schüssel auf den schwächeren der beiden zu empfangenden Satelliten ausgerichtet. Der zweite Konverter ist waagerecht daneben befestigt, er schaut sozusagen schief in die Schüssel hinein. Durch diesen Versatz – den horizontalen Abstand zwischen den beiden LNBs – richtet sich der Zielpunkt des »schielenden« Konverters nicht auf den Satelliten, auf den die Schüssel ausgerichtet ist, sondern auf den nächsten oder sogar übernächsten.

In der Praxis haben sich Winkeldifferenzen – bezogen auf die Position der Satelliten – von mehr als neun Grad als problematisch erwiesen. Unter fünf Grad Winkeldifferenz dagegen arbeitet eine schielende Anordnung problemlos. Daher läßt sich mit einer Schüssel und

zwei LNBs eine Empfangsanlage für die Astra-Familie (19,2° Ost) und seinen »Nachbarn« Kopernikus (23,5° Ost) oder Eutelsat (16° Ost) aufbauen. Außer einer schielenden Schüssel mit zwei LNBs benötigt man einen Receiver, der programmtastengesteuert zwischen zwei

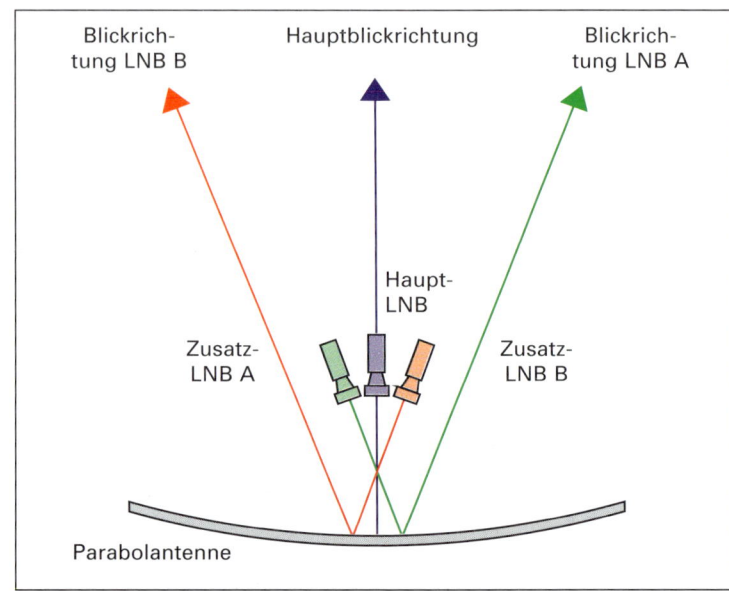

Je nach Abweichung von der Hauptachse ergibt sich ein anderer Blickwinkel. Die beiden Zusatz-LNBs schielen in die Schüssel hinein und blicken auf je einen eigenen Satelliten

Eingängen umschalten kann. Eine gängige Lösung sieht ein 22-kHz-Umschaltmodul vor, ein tonfrequenzgesteuertes HF-Relais, das als »Dreieck« zwischen die Leitungen montiert wird. Dieses Modul reagiert auf einen 22-kHz-Ton, den der Receiver auf die Leitung zum LNB legt, und wechselt bei aufliegendem 22-kHz-Signal auf den zweiten Konverter.

Schielanlagen sind relativ leicht zu installieren. Wichtig ist die exakte Ausrichtung der Schüssel auf den schwächeren Satelliten, denn dessen Signale haben die volle Bündelungswirkung des Antennenspiegels nötiger als die des stärker einfallenden Satelliten. Die Ausrichtung des schielenden Konverters ist weitgehend unproblematisch. Entscheidend für den gewünschten »Blickwinkel« ist lediglich der Abstand zum Haupt-LNB.

Für »Zweifach-Schieler« bietet die Industrie inzwischen praktische Zusatzhalter an, die – am Haupt-LNB angeklemmt – einen zweiten Konverter halten und eine feinfühlige Einstellung des Abstands zur Hauptblickachse erlauben.

Matrix für mehrere Satelliten

Was mit einem Satelliten gelingt, ist auch mit einer Schielanlage möglich. Mit entsprechend komplexeren Matrix-Bausteinen kann man auch die Signale von zwei LNBs an mehrere Teilnehmer leiten. Ein Kopfverstärker nimmt die Signale von zwei Twin-LNBs entgegen, koppelt das terrestrische Fernsehsignal ein und schickt die vier Signale über

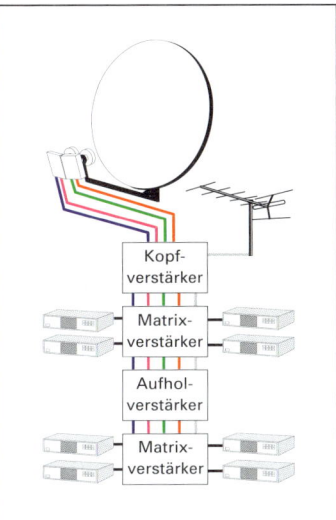

Per Matrixsystem lassen sich auch vier Signalstränge aus zwei LNBs verteilen

ebenso viele Kabelstränge an die Matrix-Verteilverstärker, von denen die Leitungen zu den Antennendosen abzweigen. Die angekoppelten Receiver wählen mit dem 22-kHz-Signal den gewünschten Satelliten und mit der Gleichspannung (14/18 V) die Polarisationsebene. Längere Leitungen verursachen störende Signaldämpfungen, die ein Vierfach-Aufholverstärker ausgleicht.

Die Stromversorgung des gesamten Systems erfolgt über die vier Strangleitungen, das Netzgerät wird mit dem Kopfverstärker verbunden. Um lästige Leitungsreflexionen der Satellitensignale zu vermeiden, versieht man unbenutzte Ausgänge mit Abschlußwiderständen, die ausdrücklich für solche Anlagen geeignet sind und die Gleichspannung nicht durchlassen – sonst verursachen sie einen Kurzschluß in der Stromversorgung.

Polarmount – die Drehschüssel

Wem das alles noch nicht reicht und wer weitere Satelliten »hereinholen« möchte, kommt um eine Drehanlage nicht herum. Doch Vorsicht: Diese Systeme gelten als ausgesprochen kompliziert, schwierig aufzubauen und einstellungssensibel.

Was bei terrestrischen Sendern mit einem einfachen Drehantrieb am Antennenmast zu bewältigen war, gestaltet sich beim Satellitenempfang deutlich schwieriger. Hier muß zum Treffen des Senders auf seiner geostationären Position nicht nur die Blickrichtung der Antenne in der Horizontalen sehr feinfühlig veränderbar sein, sondern auch in der vertikalen – die Satelliten stehen ja nicht alle gleich hoch am Horizont. Ausgehend von der Südrichtung am Empfangsort scheinen

Holt alle empfangbaren Satelliten »vom Himmel«: die motorgetriebene Polarmount-Drehanlage

Mit variabler Blickrichtung in den Himmel peilen: eine Polarmount-Anlage macht's möglich (Mehrfachaufnahme)

sie westlich oder östlich davon immer weiter nach »unten« zu rutschen. Die Bahn der Sonne am Lauf eines Tages beschreibt ja

am Himmel ein ähnliches Bild. Tatsächlich muß für jeden neu angepeilten Satelliten neben der horizontalen (Azimuth) auch die vertikale Ausrichtung eingestellt werden. Dazu müßte man zwei Motoren mit Impulsgebern sowie entsprechenden Getrieben und einer stabilen Mechanik kombinieren und sie mit einem elektronischen Positionsspeicher versehen, um vom Wohnzimmer aus die Antenne auf die vorher festgelegte Stellung zu drehen; die jeweilige Position hängt vom gewünschten Satelliten ab. Es gibt tatsächlich solche Geräte, aber wegen des mechanischen und elektrischen Aufwandes haben sie sich nicht durchsetzen können. Statt dessen machte man eine Anleihe bei den Astronomen, die – schon lange vor dem Einsatz der Nachrichtensatelliten – das Problem zu lösen hatten, wie man bei längerer Beobachtung eines bestimmten Sterns mit dem

Breitengrad	Deklination
41°	5,7°
42°	5,8°
43°	5,9°
44°	6,0°
45°	6,1°
46°	6,2°
47°	6,3°
48°	6,4°
49°	6,5°
50°	6,6°
51°	6,7°
52°	6,8°
53°	6,9°
54°	7,0°
55°	7,1°
56°	7,2°
57°	7,3°
58°	7,3°
59°	7,4°

Oft entscheidend: der Korrektur- oder Deklinations-winkel einer Polarmount-Anlage

Fernrohr die Eigendrehung der Erde möglichst einfach kompensiert. Die dabei gefundene Lösung heißt »polare Befestigung« des Fernrohrs, im Fachjargon: »Polarmount«.
Ohne uns allzu sehr in theoretische Zusammenhänge zu vertiefen, ist die Kenntnis einiger Grundlagen beim Einstellen einer Polarmount-Anlage von Vorteil. Wenn man im All einen Stern beobachtet und das Fernrohr auf diesen Punkt ausgerichtet hat, wird man feststellen, daß die Ausrichtung des Fernrohres immer wieder nachgestellt werden muß, weil das Ziel aus dem Blickfeld zu verschwinden droht. Denn durch die Drehung der Erde dreht sich auch das Fernrohr und verändert seinen Blickrichtung. Will man die so entstandene Verschiebung über einen langen Zeitraum kompensieren, so benötigt man eine gleichgroße, entgegengesetzte Be-

Drehachse der Schüssel

Ergänzungswinkel ist 90° minus geographische Breite

90°

Geographische Breite

0°

Beim ersten Betrachten verwirrend: der Winkel für die geografische Breite und der zugehörige Ergänzungswinkel

wegung um die gleiche Achse, um die sich die Erde dreht. Diese Achse ist die Erdachse, auch Polarachse genannt. Leider gibt es auf der Erdoberfläche keine einfache Möglichkeit, die Lage der Erdachse exakt zu bestimmen. Man ist auf die Hilfe von Landkarten angewiesen und auf deren Angaben zur geografische Breite (das sind die waagerechten Gitterlinien); sie sind für Deutschland mit Zahlen zwischen 47 und 55° beschriftet.

Vom Breitengrad unseres Empfangsstandortes ausgehend suchen wir den Komplementärwinkel der Breite zu 90 °, denn er beschreibt die »Schrägstellung« der Erdachse, die an unserem Standort gilt. Wenn wir also von 90 ° den Wert für die geografische Breite abziehen, haben wir den Winkel der polaren Drehachse – bezogen auf die Senkrechte – und die kann man mit einer Wasserwaage hinreichend genau einstellen.

Zwei Beispiele für diese Rechnung: Am Äquator mit der geografischen Breite 0° rechnen wir: 90 – 0 = 90. Also muß die polare Drehachse im rechten Winkel zu einem senkrecht montierten Antennenmast stehen. Das Ergebnis stimmt, denn wenn man am Äquator steht, befinden sich alle Satelliten senkrecht über dem Beobachter. Eine Antennenschüssel müßte sich um eine Achse drehen, die um 90° zur Senkrechten versetzt ist.

Am Nordpol dagegen rechnen wir: 90 – 90 = 0. Das heißt: die polare Drehachse steht genau senkrecht – der senkrecht aufgestellte Antennenmast steht exakt parallel zur Erdachse. Auch dieses Ergebnis stimmt mit unserem gefestigten

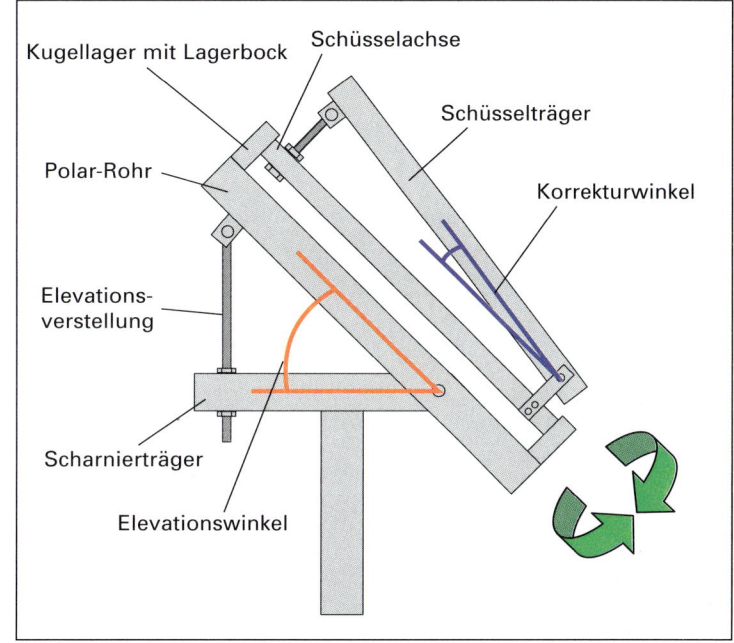

Kugellager mit Lagerbock
Schüsselachse
Schüsselträger
Polar-Rohr
Korrekturwinkel
Elevations-verstellung
Scharnierträger
Elevationswinkel

So sieht die Konstruktion einer Polarmount-Halterung für Schubstangenbetrieb aus

Kenntnisstand überein.

Einen kleinen Fehler hat die polare Befestigung, so wie wir sie bislang beschrieben haben, aber noch. Denn wir haben den bei Astronomen üblichen Betrachtungsabstand von unendlich vielen Tausenden von Kilometern – man rechnet in dieser Wissenschaft in Lichtjahren – stillschweigend übernommen. Das führt zu relativ großen Fehlern, wenn Gegenstände im erdnahen Bereich beobachtet werden sollen, und das trifft für die Satelliten allemal zu. Daher muß die Schüssel – nicht der Antennenmast – um einen sogenannten Korrektur- oder Deklinationswinkel in Richtung auf die Äquator-Ebene (in unseren Breiten also nach Süden) gekippt werden, damit der Blickwinkel der gedrehten Schüssel möglichst genau der Bahn der

Satelliten entspricht. Der Korrekturwinkel wiederum ist abhängig vom Breitengrad unseres Standortes.

Bei der polaren Befestigung einer Satellitenantenne sind also folgende Schritte mit hoher Genauigkeit auszuführen:

● das Standrohr senkrecht montieren.
● die Drehachse auf einen von der geografischen Breite abhängigen Winkel einstellen.
● Zusätzlich einen ebenfalls von der geografischen Breite abhängigen Korrekturwinkel berücksichtigen.

Völlig exakt kann eine auch sehr sorgfältig justierte Antenne der Satellitenbahn nicht folgen. Doch die auftretenden Abweichungen fallen so gering aus, daß ein optimales Empfangsergebnis erzielbar ist.

Installation der Empfangsanlage

Eine Satellitenantenne selbst aufzubauen ist grundsätzlich
nicht schwieriger als andere Heimwerkertätigkeiten. Das nötige
Fachwissen vermittelt dieses Kapitel. Sollten die Einstell-
arbeiten länger dauern als beim professionellen Antennenbauer, wird man durch die Einsparungen und
den Spaß am Erfolg entschädigt.

Allgemeines

Bislang ging es um die technischen Hintergründe für den Bau einer Satellitenanlage. Wer nun weiß, welche Satelliten zu empfangen und wie viele Anschlüsse erforderlich sind, kann die Ärmel hochkrempeln – es geht los. Dabei läßt sich die Selbstbeteiligung am Aufbau einer Satellitenanlage in drei Stufen staffeln, die jeweils ein steigendes Maß der Eigenleistung erfordern.

Stufe 1: Sie umfaßt die Vorauswahl eines geeigneten Standortes, bei einer Mehrteilnehmeranlage die Absprache mit den Nachbarn, mit denen man die Schüssel nutzen möchte, und die Klärung der Frage, welche(n) Satelliten man empfangen will. Auch die Vorauswahl verschiedener Anlagentypen fällt hierunter. Kurz: Zunächst informiert man sich darüber, welche Angebote es gibt, und stellt konzeptionelle Überlegungen an – ohne handwerklich tätig zu werden. Diese Eigenleistungen schützen davor, eine

überdimensionierte oder falsch ausgestattete Anlage zu erwerben, und sparen damit bares Geld.

Stufe 2: Jetzt geht es an die mechanischen Vorarbeiten. Nach der endgültigen Klärung des Antennenstandorts – und nach Absprache mit dem Handwerker – werden die nötigen Löcher gebohrt, Kabelkanäle gezogen und eventuell Dosen für die Antennenanschlüsse gelegt. Damit sollte man aber erst beginnen, wenn die Eignung des Standortes sichergestellt ist. Mit solchen Arbeiten erspart man dem Profi hohen zeitlichen Aufwand – und sich die entsprechenden Stundenlöhne auf der Rechnung.
Für alle, die sich eine Selbstmontage »über alles« nicht zutrauen oder aus anderen Gründen gezwungen sind, einen Fachhandwerker zu beauftragen, bringt diese Lösung eine relativ hohe Kostenersparnis. Obendrein handelt man sich keine Schwierigkeiten mit Versicherungen und Blitzschutzfachleuten ein.

Ein dringender Rat!
Vor dem Kauf auch nur einer Schraube für die Satellitenanlage muß sichergestellt sein, daß ein Empfang überhaupt möglich ist. Es sind nämlich sehr wohl Konstellationen denkbar, bei denen die üblichen Installationsarten keinen Erfolg versprechen oder vom Hauseigentümer verboten sind.

Stufe 3: Erst wenn man sich zutraut, Montage- und Elektroarbeiten richtig durchzuführen, wenn lange Leitern und hohe Dächer keinen Angstschauer über den Rücken jagen und entsprechendes Werkzeug mit einem gründlichen Erfahrungsschatz auf der Habenseite zu buchen sind – dann darf man sich an die Selbstmontage wagen.
Allerdings geht man dabei ein Risiko ein, das viele Amateure gern unterschätzen: Gelingt die Installation nicht, kostet es

WARNUNG

Die Montage einer Satellitenempfangsanlage ist nicht immer ohne Risiko. Ein Mast auf dem Dach muß samt Antennenschüssel, Ausleger und LNB ordnungsgemäß geerdet werden, der Blitzschutz muß stimmen (Größe des Erders, Stärke der Leitung), auch ein Potentialausgleich ist notwendig. Auch beim freien Mast im Garten ist es also erforderlich, einen fachkundigen Elektriker

einzuschalten, um dabei Fehler zu vermeiden.
Wer diesen Punkt leichtfertig übergeht, riskiert, daß im Falle eines Unfalls, eines Feuers oder eines Blitzeinschlags die betreffende Versicherung sich mit dem lapidaren Hinweis aus der Zahlungsverpflichtung zieht, die montierte Anlage entspreche nicht den gängigen Sicherheitsvorschriften. Einmal mehr gilt: Unwissenheit schützt vor Strafe oder Schaden nicht. Zudem ist die Arbeit

auf steilen Dächern und über schmale Dachfirste hinweg nicht ungefährlich, vor allem für den ungeübten Heimwerker. Wenn sogenannte Antennenprofis sich in luftigen Höhen ohne jede Sicherungsmaßnahme tummeln, ist das deren Risiko. Für den Amateur gilt: eine Kostenersparnis – wie groß auch immer – ist es nicht wert, sich bei einem Sturz vom Dach eventuell schwer oder gar lebensgefährlich zu verletzen.

So geht's natürlich nicht: Ein freier Blick auf den südlichen Himmel ist Voraussetzung für den Satellitenempfang

meist einiges Geld, die nicht funktionierende Anlage durch einen Fachmann in Betrieb nehmen zu lassen. Ist man dagegen als Kunde mit der Arbeit des Antennenprofis nicht völlig zufrieden, muß der Monteur nachbessern.

Der optimale Standort für die Schüssel

Die ideale Position für eine Schüssel ist der Garten hinter einem freihstehenden Haus mit ungehinderter Sicht nach Ost, Süd und West. Das Grundstück sollte auf einem Hügel liegen, damit auch die flach über dem Horizont stehenden Satelliten in extremer West- und Ostposition empfangbar sind. Unter solchen Bedingungen ist eine Polamount-Drehanlage wunderschön einsetzbar – leider sind solche Grundstücke selten.

Also müssen wir uns mit gewissen Einschränkungen abfinden. Kompromisse sind meist durch die technische Empfangslage oder die rechtliche Situation (Mietvertrag) bedingt. Zunächst gilt es zu prüfen, ob am vorgesehenen Platz ein freier Blick auf einen 30° hohen Himmelssektor in Richtung Süden vorhanden ist. »Frei« heißt hierbei, daß wirklich nichts zwischen der Satellitenposition im Orbit und der Antennenschüssel auf der Erde den Empfang stören kann – kein Haus und kein Baum. Auch eine Unterdach-Montage, wie sie beim terrestrischen Fernsehen manchmal realisierbar ist, kommt für Satellitenzwecke nicht in Frage. Schon eine Fensterscheibe stellt für die hochfrequenten Signale ein »bremsendes« Hindernis dar. Andererseits gilt die alte Faustregel der Antennenbauer »Je höher, desto besser« für den Satellitenempfang nicht. Eine Schüssel im Garten, zu ebener

Erde an einem Mast montiert, liefert genau so gute Ergebnisse wie die gleiche, auf dem Dach montierte Schüssel – den freien Blick auf den Südhimmel vorausgesetzt.

Mancher Bewohner einer Mietwohnung, die einen Südbalkon aufweist, erzielt einen guten Satellitenempfang mit einer Konstruktion, die auf dem Balkon eine liegende Offset-Schüssel nutzt – sofern der Balkon überdacht ist und die Schüssel zwischen Balkonbrüstung und Überdachung zum Satelliten blinzeln kann. Faustregel: Der freie Blickkanal sollte mindestens so groß wie der Durchmesser der Schüssel sein. Entsprechende Halterungen für die »gedrehte« Montage sind im Handel erhältlich. Wichtig ist es, die liegende Offsetschüssel wirklich regensicher aufzubauen – eine tiefe Pfütze im Antennenspiegel beeinträchtigt den Empfang. Übrigens ist eine solchermaßen angeordnete Schüssel tatsächlich unsichtbar; sie beeinträchtigt weder das äußere Erscheinungsbild des Hauses noch das Verhältnis zum Vermieter, der eine Schüsselmontage verboten hat. Verwendet man obendrein noch Spezialkabeldurchführungen, die eine Verbindung quasi »durch« den Fensterrahmen erlauben, kann eigentlich niemand mehr etwas gegen eine solche Anlage einwenden.

Mit einer einfachen Peilung stellen wir fest, ob tatsächlich ein störungsfreier Empfang erzielbar ist. Dazu brauchen wir einen Kompaß, eine Wasserwaage und einen Zollstock. Am gewünschten Antennenstandort drehen wir uns mit dem Kompaß so, daß wir exakt nach

Die wichtigsten Werkzeuge bei der Suche nach einem geeigneten Antennenstandort: Kompaß, Wasserwaage und Zollstock

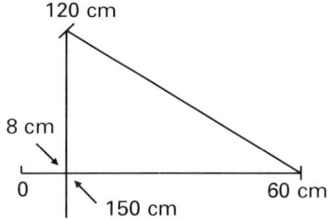

Faltet man den Zollstock, wie in der Skizze angegeben, ergibt sich am 60-cm-Knick ein 30°-Winkel

wir nach Süden aus, die Wasserwaage exakt waagerecht, und visieren über die längste Seite des Dreiecks in den Himmel. Falls in dieser Blickrichtung Häuser, Dächer, Bäume oder sonstige massive Hindernisse zu sehen sind – auch nachdem eine bis zu drei Meter hohe Leiter oder ein Mast erklommen wurde –, ist dieser Platz leider nicht geeignet. Denken Sie bei dieser Sichtprüfung großzügig; bei Hindernissen, die »gerade so eben« nicht mehr im Wege scheinen, ist entweder eine genauere Messung angesagt oder ein provisorischer Antennenaufbau. Denn wegen des geringen Öffnungswinkels der Parabolantennen kann man mit unserer »Über-den-Daumen«-Peilung per Zollstock in Grenzfällen auch daneben liegen. Besonders kritisch sollten Sie Bäume würdigen, deren Wipfel nur knapp unterhalb des Blickkanals liegen – Bäume haben die zumindest in diesem Fall unan

genehme Angewohnheit, im Laufe der Jahre zu wachsen und später mit ihrem Laub den Empfang deutlich zu behindern. Bitte überreizen Sie Ihre Kletterfähigkeiten bei dieser Test-Peilung nicht. Denn am schließlich gefundenen Standort müssen Sie später mit der sperrigen Schüssel, mit Mastschellen und Leinen, Kabeln und Werkzeug hantieren. Ihre Sicherheit hat immer Vorrang! Ist ein möglicher und »optisch geeigneter« Standort gefunden, kann man sich Gedanken darüber machen, ob der gefundene Platz auch sinnvoll ist. Bei einer Montage im Vorgarten stellt sich die Frage, wie man Schüssel und LNB vor begehrlichen Fingern schützen kann – besonders, wenn sich ein potentieller »Interessent« nur über den Gartenzaun beugen muß, um die Antenne abzuschrauben. Auch ein Standort mitten in einer Rasenfläche ist unpraktisch; spätestens beim Mähen kommt man drauf, daß

Süden schauen. Diese Richtung merken wir uns, dazu zwei Geländemarken (z. B. ein Baum oder eine Häuserkante) östlich und westlich davon, die um etwa 30° von der Südrichtung abweichen; auf der Kompaßrose sollte das der Bereich zwischen 150° und 210° sein. Nun nehmen wir den Zollstock und falten ihn so, daß er einen 30°-Winkel bildet, wie in der Zeichnung angegeben. Dann legen wir die zweitlängste Seite des entstandenen Dreiecks so auf die Wasserwaage, daß das Zollstockdreieck senkrecht nach oben weist, also in der Vertikalen einen Winkel von 30° bildet. Das Ganze richten

Beim Satellitenempfang ist der höchste Standort nicht automatisch der beste. Hier eignet sich eine Außenwand ebenso gut. Eine passende Masthalterung sorgt für sicheren Halt

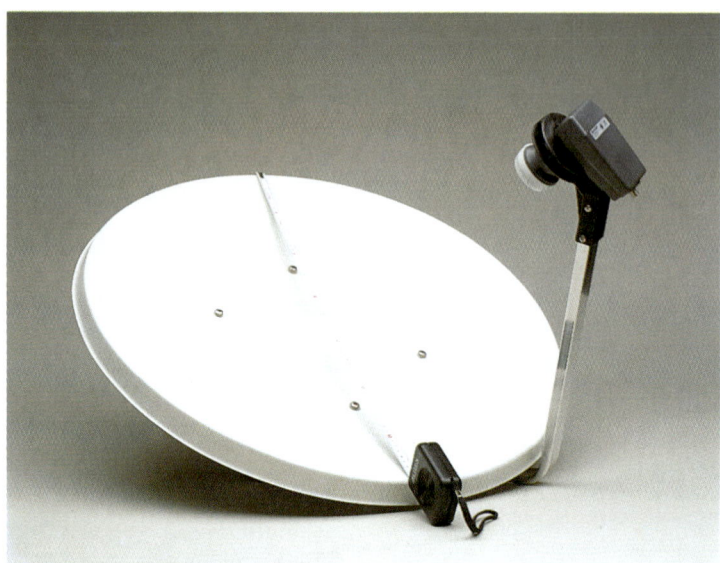

Vor der Entscheidung für die Dachmontage prüfen: Paßt die Schüssel überhaupt durchs Dachfenster?

obendrein eine kurze Berechnung der durch die Sat-Antenne entstehende Windlast (siehe Seite 55), gefolgt von einem kritischen Blick auf Mast, Befestigungsschellen und Gebälk. Eine satellitentaugliche Verkabelung oder leicht zugängliche Hohlrohre vorausgesetzt (beides ist eher die Ausnahme als die Regel), bietet die Dachmontage den Vorteil, die Empfangssignale auf kurzen Wegen und mit preiswerten Bausteinen ins Kabel einzuspeisen. Andererseits kann bei unsachgemäßem Vorgehen die »Turnerei« auf einem steilen Hausdach richtig gefährlich werden – auf jeden Fall nichts für Leute mit Höhenangst. Außerdem spielt die Größe der geplanten Anlage eine entscheidende Rolle. Wer lediglich mit einer 60-cm-Schüssel die Astra-Familie empfangen möchte, braucht sich weniger Gedanken um Stabilität und

ein am Rande des Rasens positionierter Mast vielleicht ebenso gut geeignet wäre. Schließlich verdient auch das Antennenkabel etwas Beachtung, denn es muß ja irgendwie ins Haus geführt werden, und je kürzer die Leitung, desto besser der Empfang und desto niedriger die Kosten für Kabel und eventuell notwendigen Leitungsverstärker.
Für die Montage der Antenne ist es allemal günstiger, in bequemer Griffhöhe zu ebener Erde zu arbeiten – ist die Schüssel aber erst mal justiert, kann man sie eigentlich vergessen, wie die Antennen fürs terrestrische Fernsehen, die auf dem Dach angebracht sind. So völlig abwegig ist daher der schon vorhandene Antennenmast auf dem Dach nicht. Zu überlegen ist aber, ob die 80-cm-Schüssel überhaupt durchs Dachfenster paßt oder ob eine recht aufwendige »Schüssel-aufs-Dach-

ziehen«-Aktion eingeplant werden muß. Die Montage am vorhandenn Mast erfordert

Hoch über dem Dach: Diese Schüssel hat sicherlich einen optimalen Platz. Der bauliche Aufwand – eine eigene Trägerkonstruktion über dem First – ist aber nicht zu verachten ...

In günstiger Lage reicht eine einfache Befestigung an der Giebelwand. Praktisch ein Fenster, um die Schüssel auszurichten

Windlast der Montage machen; auch reicht hier ein relativ schmaler freier Himmelssektor (je nach Wohnort zwischen 163° und 173° auf der Kompaßrose), bei der Montage kommt man schon mit einer schlichten Wandbefestigung hin. Derjenige, der eine große Drehschüssel eingeplant hat, muß sich dagegen um einen besonders stabilen Mast kümmern – und um ein ausreichend freies Blickfeld samt entsprechendem Bewegungsspielraum. Schließlich lohnen sich Überlegungen, zusammen mit den Nachbarn eine Anlage aufzubauen und zu nutzen, nicht nur aus Kostengründen. Einerseits läßt sich aus mehreren Geldbörsen eine größere Schüssel und eine bessere Empfangstechnik finanzieren, andererseits sind die »Schüsselwälder« an den Wänden größerer Miethäuser nicht gerade optische Leckerbissen; sie leisten

Einschränkungen bei der Genehmigung von Satellitenanlagen nur unnötigen Vorschub. Diese kleine und beileibe nicht vollständige Sammlung von Vorüberlegungen macht deutlich, daß man *den* richtigen Platz für die Schüssel nur ganz selten finden wird. Stattdessen muß man meistens einen Kompromiß zwischen den einzelnen Anforderungen eingehen. Letztlich sollte man sich für den Standort entscheiden, an dem man sich die wenigsten Probleme einhandelt.
Läßt sich trotz aller Berechnungen und nach sorgfältiger Peilung mit Kompaß und Winkelmesser nicht zweifelsfrei feststellen, ob der gewählte Antennenstandort einen brauchbaren Empfang zuläßt, hilft nur noch eine *Probeinstallation* weiter. Das wirft zwei Probleme auf: Erstens benötigt man eine Empfangsanlage, die in etwa der geplanten entspricht. Zwei-

tens sollten an einem als unbrauchbar erkannten Standort keine massiven Spuren (Fundamente, Löcher in Dach, Wand, Fensterrahmen usw.) zurückbleiben.
Bei der Beschaffung einer Probeanlage wendet man sich am besten an die Firma, die als Lieferant ernsthaft in Frage kommt. Viele Bau- und Großmärkte und Elektronikversender zeigen dem Heimwerker meist freundliches Entgegenkommen und reagieren großzügig auf die Bitte nach Umtausch oder »Geld-Zurück«-Aktion. Auch viele Radiofernsehfachhändler haben erkannt, daß eine *verkaufte* Anlage besser ist als *keine montierte* Anlage.
Bei der provisorischen Montage erweisen sich alle feststehenden, mit einem senkrechten Rohr ausgestatteten Einrichtungen des Haushalts als nützlich. Mancher Gartentisch besteht aus einer abnehmbaren Tischplatte und einem Untergestell mit senkrechtem Rohr – einem »Versuchsmast« fürs Flachdach. In Verbindung mit festen Segelleinen leistet auch ein langes Rohr (»Teppichstange«) gute Dienste, ein Sonnenschirmständer läßt sich als »Fußlager« dafür zweckentfremden. Die Leinen befestigt man am oberen Ende des Mastes, erdseitig versieht man sie mit Seilspannern, wie sie beim Zelten benutzt werden. Als »Erdnägel« empfehlen sich stabile, etwa einen halben Meter lange Leisten, angespitzt und schräg eingeschlagen, längere Türscharnierbänder (Bauform Scheunentor) oder schwere Camping-Häringe. Eine solche Anordnung braucht den Vergleich mit der »stationären« Montage nicht zu scheu-

en, zumindest was die Stabilität angeht: Unser Testaufbau aus einem über sechs Meter langen Teppichrohr als »Mast«, mit Segelleinen abgespannt, überstand mitsamt mehreren montierten Schüsseln die stärksten Winterstürme. Auf Dauer wenig praktikabel, kann man so doch sicherstellen, daß Montageort und -höhe einen ordentlichen Empfang gewährleisten.

Mietrecht, Baurecht, Telekom

Bislang haben wir überlegt, wo die Schüssel aus technischen Gründen aufzubauen ist. Doch leider haben auch Baurechtler (Bauamt) und Vermieter ein Wörtchen mitzureden, ob die Antenne an diesen Platz gestellt werden *darf*. Besitzer eines Einfamilienhauses haben

hier die besseren Karten, denn sie unterliegen nur den Beschränkungen des Baurechts. Mieter müssen obendrein auch noch die Wünsche, Bedenken und Abneigungen des Vermieters berücksichtigen. Keine Rolle mehr spielt hierbei die Telekom (früher Bundespost).

Das Baurecht ist Gemeindesache und mag somit von Ort zu Ort unterschiedlich ausfallen. Im Prinzip darf ein Grundstückseigentümer auf seinem Grund und Boden jedoch alles tun und lassen, was die Rechte seiner Nachbarn nicht beeinträchtigt. Er kann nur in zweierlei Hinsicht Schwierigkeiten bekommen: mit der Höhe des Antennenmastes und der sogenannten Verschandelung der Landschaft.

Eine Masthöhe von unter drei Metern dürfte in der Regel keinerlei Einspruchsmöglichkeit

der Baubehörde unterliegen; durch einen Anruf beim Bauamt läßt sich diese Unsicherheit jedoch rasch beseitigen. Mit dem in beinahe jeder Bauordnung vorhandenen Paragraphen über die »Verschandelung der Landschaft« oder des Ortsbildes kann man schon eher in Konflikt geraten – beispielsweise wenn eine Wohnsiedlung eine wahre »Schüsselplantage« darstellt und daher eine weitere Schüssel verhindert werden muß. Der Hinweis auf das im Grundgesetz verankerte Grundrecht auf Informationsfreiheit mag solche Dispute beenden; hilfreich gegebenenfalls eine Stellungnahme dergestalt, daß man mit seinen Nachbarn eine Gemeinschafts-Anlage installieren möchte (das »spart« weitere Schüsseln). Auch im Sinne einer einfachen Genehmigung ist eine Mehrteilnehmeranlage also nicht die schlechteste Idee. Mieter haben bei der Selbstmontage einer Satellitenanlage etwas größere Schwierigkeiten, denn in dichter städtischer Bebauung sind sonnige (weil nach Süden gerichtete) Vorgärten und Hinterhöfe nur selten frei verfügbar. Auch muß ein Vermieter eine Satellitenschüssel nicht in jedem Fall akzeptieren; die Rechtsprechung zeigt sich nach mehreren Grundsatzurteilen zunehmend detailorientiert. Am besten einigt man sich darüber, jede bauliche Beschädigung (wie z.B. dicke Löcher in der Außenwand oder im Fensterrahmen, stabile Fundamente im Garten) auszuschließen und eine optische Beeinträchtigung durch eine entsprechend gefärbte Antenne oder eine »unauffällige« Montage zu vermeiden.

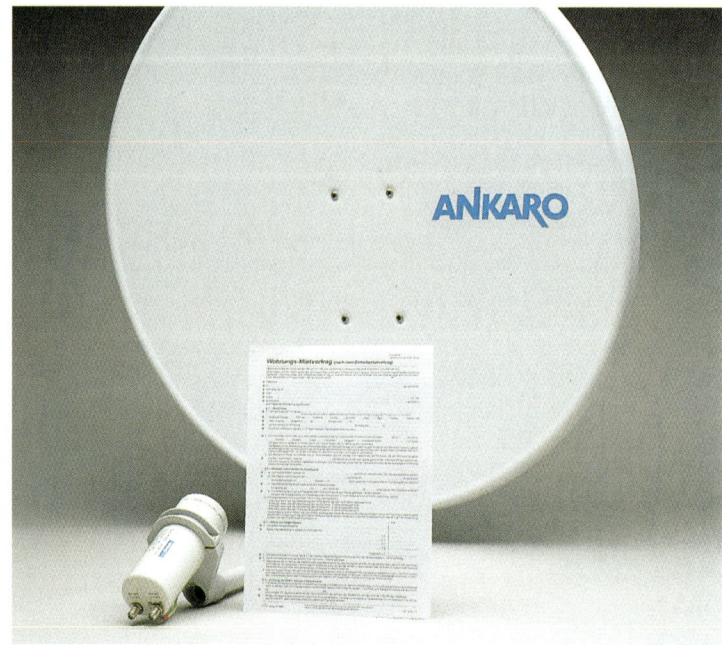

Wer zur Miete wohnt und eine Satellitenschüssel anbringen möchte, ist gut beraten, wenn er vorher den Mietvertrag studiert

Installation der Schüssel

Windlast und Statik

Schon der gesunde Menschenverstand sollte dem Selbstbauer einer Satellitenantenne sagen, daß das Befestigungsrohr für eine Schüssel erheblich massiver dimensioniert sein muß als für eine terrestrische Antennenanlage. Setzen doch die vergleichsweise fragilen und im wahrsten Sinne des Wortes durchsichtigen Yagi-Antennen dem Wind nur einen Bruchteil des Widerstands entgegen, den die offenen und großflächigen Schalen der Parabolantennen bewirken. Berechnungsgrundlage für die Windlast ist der Druck, den der Wind auf einen Körper ausübt. Hier legen die Statiker bei einer Höhe bis zu 20 m über Grund einen Wert von 800 Pa (Pascal) an. In größeren Höhen rechnet man sogar mit einem Wert von 1100 Pa; weiter oben bläst es halt mehr! Für jedes einzelne dem Wind ausgesetzte Bauteil gibt es nun Windlastwerte in N (Newton), die für die gesamte Antenne addiert und mit dem angreifenden Hebel multipliziert werden. Am Ende kommt ein sogenanntes Biegemoment in Nm (Newton x Meter) heraus, das tunlichst kleiner sein sollte als das Biegemoment, dem der Mast höchstens widerstehen kann. Ein Beispiel: Eine Offsetschüssel SAT 90, für die der Hersteller Astro eine Windlast von 740 N angibt, soll bei einer freitragenden Länge von 120 cm an einen 60 mm starken Mast geschraubt werden. Es ist zu

überprüfen, ob der gewählte Mast reicht. Der Mast selbst stellt natürlich auch einen Windwiderstand dar und sollte nicht vernachlässigt werden; der Einfachheit halber kann man für ihn einen pauschalen Wert von 100 N annehmen; das reicht für Maste bis 170 cm freie Länge und 76 mm Durchmesser.

$$M_{ges} = (W_{ant} \times L_{rohr}) + M_{rohr}$$

$$M_{ges} = (740 \times 1,2) + 100$$

$$M_{ges} = 888 + 1\,00$$

$$M_{ges} = 988\ Nm$$

Für Rohre von 60 mm Durchmesser und 2 mm Wandstärke gibt der Hersteller ein maximales Biegemoment von 1556 Nm an; die Konstruktion ist zulässig. Übersteigt die Gesamtwindlast den Wert von 1650 Nm, ist ein statisches Gutachten unumgänglich.

Wie schon am Anfang dieses Kapitels erwähnt: Wer einen Mast auf dem Dach installieren möchte, muß dabei obendrein die einschlägigen Vorschriften (zum Thema Potentialausgleich, Blitzschutz, Erdung) beachten. Setzt man sich »großzügig« oder gedankenlos darüber hinweg, riskiert man im Schadensfall den Verlust des Versicherungsschutzes für Gebäude und/oder Hausrat – und dann hat man außerdem auch eine Menge Ärger.

Antennenrohre

Durchmesser	Wandstärke	Biegemoment
48 mm	2 mm	1 375 Nm
60 mm	2 mm	1 556 Nm
60 mm	2,5 mm	2 350 Nm
78 mm	2,5 mm	3 640 Nm

Windlast von Schüsseln bei Zentralbefestigung

Schüsseldurchmesser	Windlast
120 cm	1 360 N
180 cm	3 060 N

Windlast von Schüsseln bei Offsetbefestigung

Schüsseldurchmesser	Windlast
60 cm	317 N
75 cm	480 N
90 cm	740 N
125 cm	900 N

Erdung

Um Schäden durch elektrische Spannung (z.B. durch Blitzeinwirkung) zu verhindern, muß eine Antennenanlage geerdet werden. Die Erdung ist übrigens kein Ersatz für eine Blitzschutzanlage. Ausgenommen davon sind Antennen, die mindestens 2 m unterhalb der Dachkante montiert sind und weniger als 1,5 m über die Außenfront hinausragen – für die Selbstmontage eine ideale Möglichkeit!

Eine ordnungsgemäße Erdung stellt eine leitende Verbindung zwischen der Antenne und einem vorschriftsmäßig ausgeführten Erder her. Die Leitung darf ohne Abstandshalter ver-

legt werden und muß – je nach Material – mindestens 16 mm^2 (Kupfer) dick sein. Zusätzlich bedarf es eines Potentialausgleichs nach VDE 0855/1 und VDE 0190, einer Verbindung mit dem Null-Potential der Hauselektrik (Wasserrohr, Schutzkontakt).

Für den Bereich Blitzschutz gilt: Ist eine Blitzschutzanlage (im Volksmund Blitzableiter) vorhanden, genügt es, die Antenne über möglichst kurze Leitungen damit zu verbinden. Andernfalls muß eine Leitung wie bei der Erdung die Verbindung mit dem Erdpotential herstellen. Für den Blitzschutz darf man auch durchgehende, senkrecht verlaufende metallene Wasserleitungen verwenden.

Auch wenn es auf den ersten Blick übertrieben scheint: Wenn der Hersteller vier Schrauben beilegt, sollte man nicht am Dübelloch sparen. Stabilität ist Voraussetzung für störungsfreien Empfang

Zu diesen Fragen sollte man entweder einen Elektriker hinzuziehen oder – im Zweifelsfall – eine Antennenbaufirma beauftragen, die Montage auszuführen: Sicherheit geht vor!

Standrohr

Nachdem ein Antennenplatz ausgewählt wurde, kann mit der Antennenmontage begonnen werden. Bei einer Wandhalterung ist der Tragarm mit Dübeln und Schrauben zu befestigen. Benutzen Sie alle zur Befestigung vorgesehenen Löcher, auch wenn der Arm schon mit zwei Schrauben einen stabilen Eindruck macht. Eine Schüssel mit 80 cm Durchmesser darf im festangeschraubten Zustand höchstens 10 mm wackeln, wenn man am Rand anfaßt und mit mäßiger Kraft daran rüttelt. Eine Montage an der Balkonwand hat den Vorteil, daß Schüssel und LNB regengeschützt sind und daß man be-

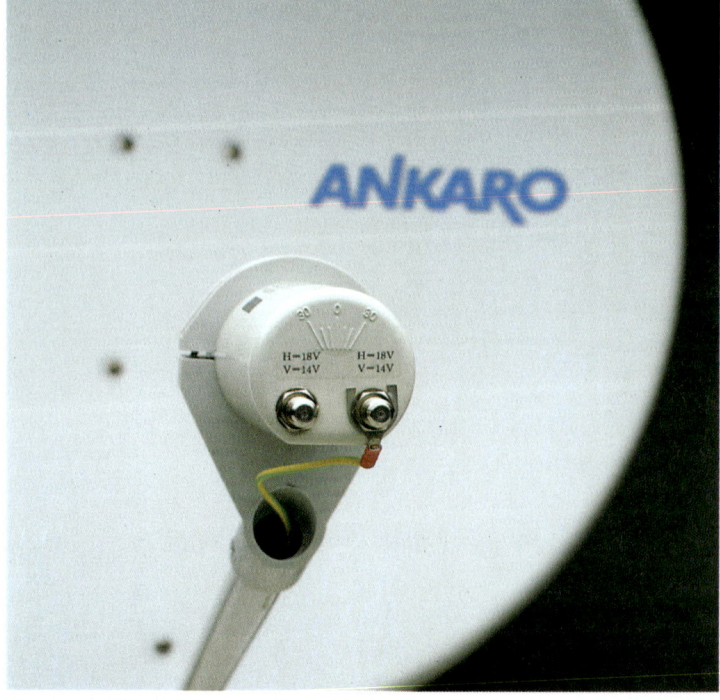

Für einen Blitzableiter zu dünn: Die Ankaro-Schüsseln erden den LNB über eine eigene Masseleitung. Für den Potentialausgleich genügt diese Lösung aber

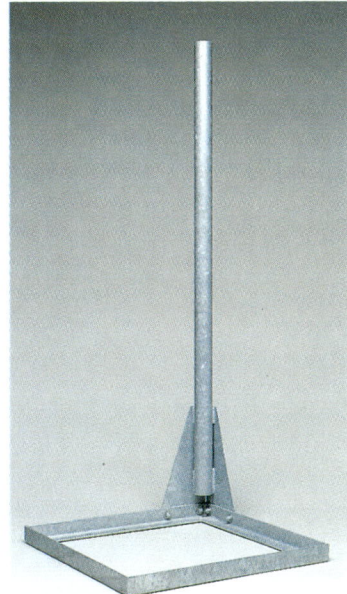

Mit einer Betonplatte beschwert, verleiht ein solcher Antennenfuß einer Schüssel ausreichenden Halt – ideal für die Mietwohnung mit Balkon

Zum Ausprobieren oder in windstillen Ecken empfiehlt sich diese Methode: Standfuß, mit Steinen beschwert. Allerdings reicht die so erzielbare mechanische Festigkeit für Schüsseln über 60 cm Größe nicht aus

quem montieren und justieren kann. Für ansonsten wenig genutzte Balkone gibt es inzwischen sogar Standrohre mit angeschweißten Füßen beziehungsweise einer angeschweißten Fußplatte. Diese kann man entweder mit einigen Dübeln und Schrauben auf dem Boden festdübeln (Vorsicht: hier kann Regenwasser eindringen und Schäden anrichten!) oder einfach nur hinstellen und den Fuß mit Gewichten oder Steinen gegen Verdrehen beschweren. Das geht aber nur, wenn keine große Schüssel benutzt wird und der Balkon windgeschützt liegt, anderenfalls muß nach jeder kräftigen Windbö neu justiert werden. Abhilfe bringt eventuell eine Verstrebung der Schüssel am Balkongeländer

Freistehender Mast

Etwas aufwendiger dagegen ist ein freistehender Mast im Garten. Das dafür notwendige Betonfundament braucht mindestens einen Tag Vorbereitungszeit.
Als erster Schritt ist von einer eventuell vorhandenen Rasenoberfläche ein ungefähr 40 cm x 40 cm großes – also zwei mal zwei Spaten breites – Sodenstück abzustechen und beiseite zu legen – das brauchen wir nämlich noch. Dies freigelegte Loch wird nun mindestens zwei bis drei Spaten tief ausgegraben; bei einem längeren Mast als 160 cm (zweizölliges, verzinktes Wasserrohr) darf es auch ruhig etwas mehr sein. Perfektionisten graben schon in dieser Phase gleich einen mindestens zwei bis drei Spaten tiefen Kabelka-

Nicht die schlechteste Idee: der eigene Mast im Garten. So bekommt er ein stabiles Fundament: Künftigen Standort auswählen, dann die Grasnarbe etwa zweimal 2 Spaten breit ausstechen …

… und die Grassoden beiseite legen

Etwa zwei bis drei Spaten tief ausheben (je nach Länge des Mastes)

Eine ausreichende Menge Fertigbeton wird nach Anleitung angerührt ...

... und bis zur Unterkante des Grasbewuchses eingefüllt

nal vom Mast bis zur Hauswand, damit später das Anschlußkabel für die Antenne geschützt verlegt werden kann. Bewährt haben sich dafür die preiswerten Abwasserrohre aus der Sanitärabteilung des Baumarktes. Den angerührten Fertigbeton schaufelt man ins Loch. Dabei jedoch nur soviel Beton einfüllen, daß das Loch bis einige Zentimeter unterhalb des Mutterbodens gefüllt ist. Der Helfer hat in der Zwischenzeit das Standrohr (am besten feuerverzinkt) bereitgelegt und sich mit Wasserwaage, stabilen Schnüren und einigen Camping-Häringen oder Holzpflöcken bewaffnet. Nun wird das Rohr in die Mitte des Betons hineingedrückt und in ungefähr senkrechter Stellung festgehalten, während am oberen Ende drei Bindfäden mit je einigen Metern Länge festgezurrt werden. Mit diesen Fäden und den rund um die »Baustelle« verteilten Pflöcken muß nun der Mast mittels Wasserwaage in eine exakt senkrechte Lage gebracht und dort sicher

fixiert werden, bis der Beton abgebunden hat. Sicherheitshalber sollte man hier 24 Stunden warten.
Schließlich kann wieder soviel vom ausgegrabenen Boden auf den Beton zurückgegeben werden, bis die zum Schluß wieder aufgelegten Rasensoden mit der ursprünglichen Rasenoberfläche bündig abschließen.

Schüsselgröße

Das Thema Schüsselgröße haben wir bis jetzt aus praktischen Erwägungen ausgespart. Die in den Tabellen der Satellitenbetreiber angegebenen Größen beziehen sich auf Standardanlagen. Und erst jetzt, bei der konkreten Realisierung, kann man abschätzen, ob der vorgesehene Aufbau einer solchen Anlage entspricht. Die Fachleute für Antennenbau haben für die Feinplanung einer Anlage natürlich ihre Berechnungstabellen, in denen beispielsweise die Dämpfung des Kabels und der Antennendosen ebenso eine Rolle spielen wie die der verwendeten Stecker; nachdem man die Dämpfung aller verwendeten Teile festgelegt und addiert hat, kann man bestimmen, welche Spannung am Eingang vorhanden sein muß, damit am Ende ein optimales Bild zustande kommt. In der Praxis reicht es allerdings völlig aus, wenn man sich die sogenannten Footprints (»Fußabdrücke«) des oder der gewünschten Satelliten ansieht und auswertet. Diese Bilder visualisieren die Sendeleistung eines Satelliten, bezogen auf den Sendebereich, und stellen die Flächen gleicher Feldstärke dar. Meist ist an-

Jetzt muß der Mast exakt senkrecht ausgerichtet werden. Kleinste Abweichungen erschweren die Suche nach den Satelliten deutlich

Schließlich bekommt der Mast mit einigen Schnüren den notwendigen Halt, um bis zum Trocknen des Betons nicht zu verwackeln

Welche Schüsselgröße Sie brauchen, hängt von Faktoren wie der Dämpfung des Kabels, der Sendeleistung des Satelliten usw. ab

verteilt wird. Aus den ERP-Angaben kann direkt auf die zu erwartende Strahlungsleistung auf der Erdoberfläche geschlossen werden, was aber nur für professionelle Antennenbauer wichtig ist. Für unsere Zwecke ist eine Schätzung der Schüsselgröße völlig ausreichend. In der Bundesrepublik Deutschland gilt beispielsweise für den Empfang von Astra konstant ein Schüsseldurchmesser von 60 cm, für andere Satelliten mit deutschsprachigen Programmen meist einer von 80 cm. Bei diesen Größen sind schon gewisse Sicherheitsreserven eingerechnet.

Was unter Schönwetterbedingungen möglich ist, zeigt ein Kofferempfänger, der bei einer Schüsselgröße von 31 x 36 cm einen ordentlichen Astra-Empfang gestattet und als die Satellitenanlage für Unterwegs betrachtet werden kann – damit ist nun endlich auch auf dem Campingplatz die »Lindenstraße« zu sehen.

gegeben, welche Schüsselgröße für eine Standardkonfiguration benötigt wird. Unter Standardkonfiguration versteht man hierbei eine Einzelanlage mit einem völlig normal empfindlichen LNB (Rauschmaß etwa 1,3 dB) und nicht mehr als 15 m Antennenkabel. Falls des Nachbars Apfelbaum am Rande des Blickfelds im Wege steht, das Kabel doppelt so lang wird oder ein exotischer Satellit empfangen werden soll, ist für jeden dieser empfangsverschlechternden Faktoren die Schüssel eine Nummer größer zu wählen. Eine Anlage der Spitzenklasse basiert auf einer 100-cm-Drehschüssel und ermöglicht den Empfang von 18 verschiedenen Satelliten. In die Darstellung der Foot-

prints ist die unterschiedliche Sendeleistung der Satelliten eingerechnet worden. Bei manchen Abbildungen findet man dagegen keine Angaben über die Antennengröße, sondern nur ERP- oder dBW-Zahlen. Die erste Abkürzung steht für »Effective Radiated Power«, effektive Strahlungsleistung vom Satelliten her; in dieser Angabe – sowie in der zweiten Abkürzung (dBW) – steckt nicht nur die nackte Sendeleistung des Transponders, sondern auch die Güte und Form der Sendeantenne sowie die Größe der bestrahlten Fläche. Denn es macht einen Unterschied, ob eine Sendeleistung von beispielsweise 50 W über eine Fläche von Niedersachsen oder über ganz Mitteleuropa

Schüsselmontage

Nachdem nun eine Schüssel in der richtigen Größe gekauft ist, kann mit der Installation begonnen werden. Eigentlich sollte immer eine Montageanleitung mit im Karton liegen, deren Lektüre dringend zu empfehlen ist. Man sieht in diesen Papieren – auch wenn sie noch so dürftig sind – meistens ein Bild der fertigen Schüssel und kann sich danach zusammenreimen, wie die verschiedenen Bestandteile zusammengehören. Auf jeden Fall sollte die Antenne am Boden soweit wie möglich vormontiert, wenn es geht, sogar

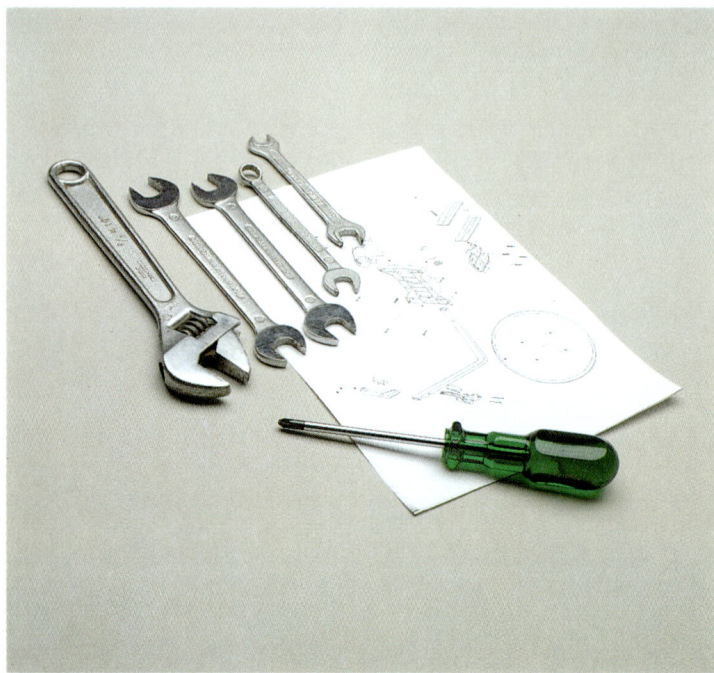

Vor dem Schrauben steht das Studium der Bauanleitung. Oft jedoch verdient dieses Papier seinen Namen nicht …

ne genaue Angabe über den Brennpunkt der Schüssel zu finden ist, wählen Sie am besten erst einmal einen mittleren Wert und verschieben die Feinjustage auf später.

Verlegen der Kabel

Falls das Koaxialkabel nicht mit der Anlage geliefert wurde, muß man beim Kauf unbedingt sagen, daß es für eine Satellitenanlage verwendet werden soll: Die üblicherweise im Handel vorrätigen Qualitäten sind nicht für Frequenzen oberhalb 1 000 MHz ausgelegt und würden das Satellitensignal zu stark dämpfen. Doch auch wenn das richtige Kabel verwendet wird, kann man Probleme mit zu hoher Dämpfung bekommen: wenn durch den Standort der Antenne die Leitung zum Receiver länger als 15 m bis 20 m gerät. In solchen Fällen ist oft ein Leitungsverstärker fällig; sein Platz ist direkt in der Nähe der Antenne. Um die Antennenleitung ins Haus zu führen, bohrt man einfach ein Loch passenden Durchmessers in einen Fensterrahmen. Für Leute, die das

komplett zusammengesetzt werden. Dann wird sie mit den Befestigungsschellen am Mast festgeschraubt, aber so, daß sie mit leichtem Kraftaufwand noch gedreht werden kann. Bei der Dachmontage (oder am höheren Mast) ist es sinnvoll, die Schüssel mit einer Leine vor dem Hinunterfallen zu sichern; zu leicht könnte man sonst bei der Montage selbst hinterherfallen.
Bei vielen Komplettanlagen ist die Befestigung für den LNB so ausgebildet, daß man beim Zusammenstecken nichts falsch machen kann. Wichtig ist, das Feedhorn (»Guckloch«) des Downconverters im Brennpunkt der Schüssel zu installieren und ihn nicht »schief«, sondern entweder senkrecht oder waagerecht einzubauen; zu diesem

Zweck ist auf dem Gehäuse immer eine Polarisierungsmarkierung angebracht. Falls die Form der Aufnahmeschellen für den LNB es gestattet, den Konverter um einige Zentimeter nach vorn oder hinten zu schieben, und gleichzeitig keine

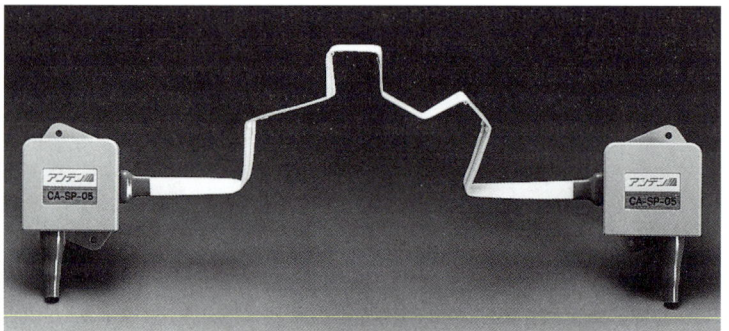

Verwendet man dieses Spezialkabel muß man kein Loch in den Fensterrahmen bohren (Ninia-Cable von Maspro)

aus mietvertraglichen Gründen nicht dürfen, gibt es flachbandartige Spezialstücke, die zwischen Rahmen und Fensterflügel hindurch »gefaltet« werden und nach Herstellerangaben das Signal nicht allzusehr dämpfen (z. B. Ninja Cable von Maspro). Nun ist das »Grobe« erledigt, das heißt, alle Komponenten sind installiert und müssen nur noch miteinander verbunden werden. Als der ideale Steckverbinder hat sich der sogenannte F-Stecker etabliert – im Grunde nur eine Metallhülse mit Überwurfmutter. Dieses genial einfache Ding sorgt einerseits für festen Halt des Kabels, vermeidet aber unnötige Übergangsstellen, die – wie schon erwähnt – zu Störungen führen können.

Im Außenbereich müssen die Steckverbindungen absolut wasserdicht ausgeführt sein. Feuchtigkeit in der Leitung hat unter Umständen einen Kurzschluß zur Folge, schmälert aber in jedem Falle die Qualität der Leitungsverbindung und fördert die Korrosion der Kontaktstellen. Zum Abdichten der Verbindungsstellen legen die Schüsselhersteller ein spezielles, selbstverschweißendes Klebeband bei. Es zeigt sich in zwei Erscheinungsformen: Einerseits findet man im Karton mehrere Streifen eines schwarzen Bandes, aufgebracht auf einer hellen (meist weißen) Trägerfolie, andererseits ist eine teigige Masse in Bandform zum Abdichten vorgesehen. Letztere verarbeitet man wie Fensterkitt, ersteres bedarf eines Kniffs: Die verschiedenen Schutz- und Trägerfolien abziehen, bis man nur noch das schwarze Stück Dichtband zwischen den Fingern hält. Dieses

Verlegen von Koaxialkabeln

Beim Verlegen des Koaxialkabels gibt es einige Regeln zu beachten: Niemals in scharfen Winkeln um Wandecken »herumknicken«, niemals mit dem Hammer draufschlagen, immer passende Nagelschellen verwenden. Die gute Qualität der Leitung hängt nämlich von der richtigen Geometrie zwischen Innenleiter und Außenleiter ab. Wenn durch mechanische Einwirkung irgendwas »verbeult« ist, entstehen für die Mikrowellen sogenannte Stoßstellen. Diese erhöhen bestenfalls »nur« die Dämpfung des Kabels, im Normalfall jedoch erzeugen sie Geisterbilder auf dem Schirm. Aus dem gleichen Grunde sollte man Flickstellen vermeiden. Wenn es nicht ohne geht, so sind richtige Steckverbinder zu verwenden.

Steuerleitungen

Obwohl für kleine Einzelanlagen – beispielsweise zum Empfang von Astra – im Normalfall keine separaten Steuerleitungen benötigt werden, empfiehlt es sich, gleich beim Verlegen des Koaxialkabels eine mindestens sechsadrige Leitung für die Zukunft mit anzunageln. Völlig ausreichend ist eine preiswerte, mehradrige Litzenleitung (sogenanntes Rotorkabel). Sie kann bei einer späteren Erweiterung der Anlage viel Arbeit ersparen. Für Polarmount-Systeme dagegen benötigt man stattdessen spezielle, eventuell sogar abgeschirmte Kabel. Da die meisten Getriebemotoren beim Drehen der Antenne einen erheblichen Strombedarf zeigen (z. T. mehr als 1 A), ist man gut beraten, querschnittsstarke Litzenleitungen zu verwenden

Eine komplette F-Steckergarnitur: zwei Stecker, eine Kupplung. Die sinnige Konstruktion erspart jeden überflüssigen Leitungsübergang

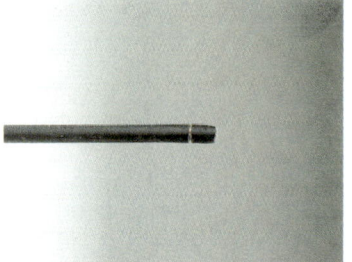

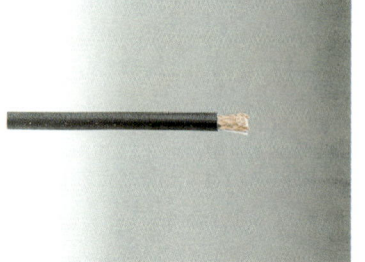

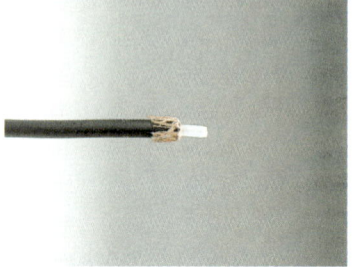

Die Montage eines F-Steckers ist nicht schwierig. Zuerst trennt man mit einem Messer die Isolierung in einem etwa 1 – 1,5 cm breiten Streifen ab …

… und zieht das abgetrennte Stück ab

Dann biegt man die feinen Drähtchen des Abschirmgeflechts nach hinten …

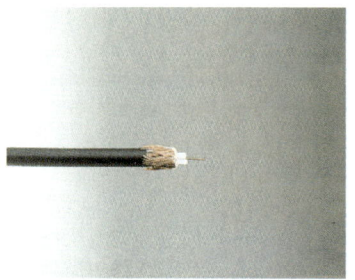

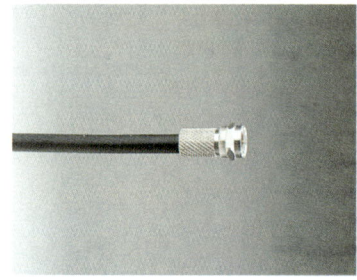

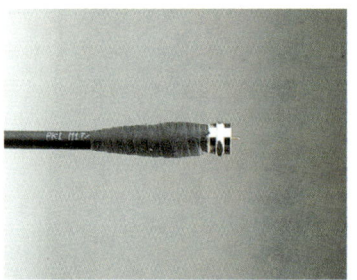

und entfernt auf etwa 1 cm Länge die Isolierung der Innenader. Vorsicht: Nicht zu kräftig an dem abgetrennten Isolierstück ziehen, sonst haben Sie den inneren Draht gleich mit angerissen

Auf das so vorbereitete Ende schraubt man den F-Stecker, der eigentlich nur eine leere Hülse ist, auf. Achten Sie darauf, daß keines der Abschirmdrähtchen die Innenader berührt. Ein nur schwer zu entdeckender Kurzschluß wäre die Folge

Bei Steckverbindern, die draußen eingesetzt werden, muß abschließend ein solches selbstverschweißendes Spezialdichtband um die ganze Verbindung (!) gewickelt werden. Ein eventueller Wasserschaden hätte üble Folgen …

Band dehnt man jetzt auf etwa doppelte Länge (keine Angst, es reißt nicht so schnell), legt das eine Ende um die abzudichtende Stelle und wickelt das straff gespannte Band spiralartig darum. Das Ende zupft man so zurecht, daß es sich möglichst eng an die darunterliegende Schicht anschmiegt. Alle Verbindungen werden grundsätzlich nur bei gezogenem Netzstecker des Receivers gestöpselt. Sonst kann es passieren, daß man im Eifer

des Gefechts einen Kurzschluß fabriziert, der im Receiver mindestens eine Sicherung hochgehen läßt. Und erfahrungsgemäß ist eine Ersatzsicherung natürlich nicht greifbar.
Steht die Leitungsverbindung zwischen LNB und Sat-Receiver, fehlt nur noch eine Leitung zum Fernseher. Komfortabel und problemlos ist das SCART-Kabel: Video-Out-Buchse des Receivers und Video-In-Buchse vom Fernseher damit verbunden – fertig.

Etwas aufwendiger die Verbindung per Antennenleitung: Nachdem ein kurzes Koax-Kabel vom Antennenausgang des Sat-Receivers zum Fernseher (Antennenanschluß) gelegt ist – eventuell über den »Umweg« Videorecorder –, wird der Testbildgenerator des Sat-Receivers eingeschaltet (meist ein kleiner Schalter an der Rückseite). Danach sucht man am Fernseher das Test-»Programm« (meist zwei senkrechte weiße Streifen auf dunklem Grund, wie in

Hier ein Sortiment von Verbindungssteckern zwischen Sat-Receiver und Fernseher. Links oben der 21polige, genormte SCART-Stecker

und Fernseher in die Nähe der Schüssel und stellt eine provisorische Verbindung zwischen LNB und Sat-Receiver her. Vorsicht: ein Fernsehgerät ist nicht für den Einsatz im Freien, insbesondere in feuchter Umgebung gebaut; im Innern arbeitet die Elektronik mit gefährlicher Hochspannung. Sinnvollerweise sucht man sich für die Justage einen trockenen, nicht zu sonnigen Tag aus und baut den Fernseher unter einem Sonnenschirm auf – sonst sehen Sie im Sonnenschein nichts auf der Mattscheibe.

Vor der Bildsucherei stellen Sie den Elevationswinkel (die »senkrechte« Schräglage) für Astra ein (siehe Tabelle auf Seite 29). Wir wollen keine Werbung für diesen Satelliten machen, doch erfahrungsgemäß findet man ihn am einfachsten, und die allermeisten Sat-Receiver sind für Astra bereits vorprogrammiert.

Jetzt wird's ernst. Nach einem letzten Kontrollblick auf die Verkabelung aktiviert ein Druck auf den Netzschalter Fernseher und Sat-Receiver. Auf der Mattscheibe sollte nun ein Störsig-

der Abbildung auf Seite 20 gezeigt) per Automatiksuchlauf oder Handabstimmung; die so gefundene Einstellung sichert man am besten gleich unter einer etwas »abgelegenen«, nicht alltäglichen Programmziffer (z.B. 99).

zum Sat-Receiver sollte man nicht überreizen. Daher zieht man am besten mit Receiver

Einstellen des Empfangsbereichs

Zum Einstellen der Schüssel ist es notwendig, direkten Blick auf das angeschlossene Fernsehgerät zu haben; auch die Reichweite der Fernbedienung

Beim Satellitenfernsehen ist fast alles anders – sogar der »Schnee« auf dem Bildschirm links zeigt deutliche, horizontal verlaufende Strukturen. Der »terrestrische« Schnee dagegen sieht etwas feinkörniger und gleichmäßiger aus

nal – »Schnee« genannt – wie auf Seite 63 zu sehen sein, mit horizontal verlaufenden, deutlichen Strukturen. Ist das nicht der Fall und bleibt der Bildschirm dunkel, sofort abschalten und die Leitung zwischen LNB und Receiver auf Kurzschluß prüfen.

Haben Sie sich am Satellitenschnee sattgesehen, wählen Sie am Receiver einen Programmplatz, der mit einem via Astra verbreiteten Sender belegt ist – am besten einer, dessen Senderkennung (das kleine Logo in einer der Bildecken) Ihnen bekannt ist.

Jetzt einen Blick auf den Kompaß werfen und die Schüssel grob auf die in der Tabelle für Ihren Wohnort angegebene Gradzahl einstellen. Vorausgesetzt, der Mast steht exakt senkrecht, sollten Sie durch langsames Schwenken in horizontaler Richtung eine Veränderung des Schnees auf dem Fernsehbildes erreichen. Den Schwenkbereich können Sie getrost auf einen handbreiten Spielraum für das Auslegerende, höchstens etwa 30°, begrenzen. Erscheint keinerlei Veränderung auf dem Bildschirm, kontrollieren Sie die vertikale Neigungsstellung und verändern sie um ein ganz kleines Stückchen. Dann kommt der nächste Schwenkdurchgang an die Reihe, im gleichen horizontalen Bereich. Irgendwann – meist schneller als erwartet – erscheint ein Bild auf dem Schirm, vielleicht verrauscht, verzerrt, ohne Ton – aber das ist Ihr erstes Bild vom Satelliten.

Nachdem das dann fällige Triumphgeschrei verklungen ist, geht es an die Feinjustage, um die maximale Bildqualität zu erzielen. Kompaß und Winkelmesser können Sie jetzt beiseitelegen, es sei denn, Sie suchen noch weitere Satelliten. Durch vorsichtiges Schwenken der Schüssel werden die Grenzen des Empfangsbereichs ermittelt: Haben Sie die beiden Punkte gefunden, an denen das Bild verschwindet, wenn Sie noch weiter schwenken, richten Sie die Schüssel auf die Mitte dazwischen aus. Hilfreich ist dabei ein Streifen weißes Klebeband, um den Mast gewickelt, auf dem Sie die jeweiligen Extrempositionen mit einem Filzschreiber anzeichnen; die »Mitte« findet man dann leichter. Dann ziehen Sie die Schrauben für die horizontale Einstellung fest. Eine ähnliche Übung folgt nun für die Elevation. Allerdings ist der vertikale »Schwenkbereich« deutlich kleiner als der Schwenkbereich in horizontaler Richtung. Schließlich werden alle Befestigungsschrauben ordentlich festgezogen.

Astra haben Sie »im Kasten«. Zur Kontrolle schalten Sie alle vorhandenen Kanäle durch; doch wundern Sie sich nicht, wenn manche Stationen stark gestört erscheinen – keine Bange, das liegt nicht an der Sat-Anlage: diese Programme sind verschlüsselt. Allerdings kann es sein, daß manche Programme schlechter als die anderen aussehen und störende, weil sichtbare schwarze oder weiße Striche aufweisen (die »Fische«). Mitunter lohnt sich ein zweiter Durchgang der Feinjustage mit diesen »schwächeren« Stationen. Mit großer Wahrscheinlichkeit läßt sich so die Position mit maximaler Empfangsqualität ermitteln. Sinngemäß geht man bei anderen Satelliten vor; am besten beginnt man mit Astra und tastet sich danach schrittweise weiter vor.

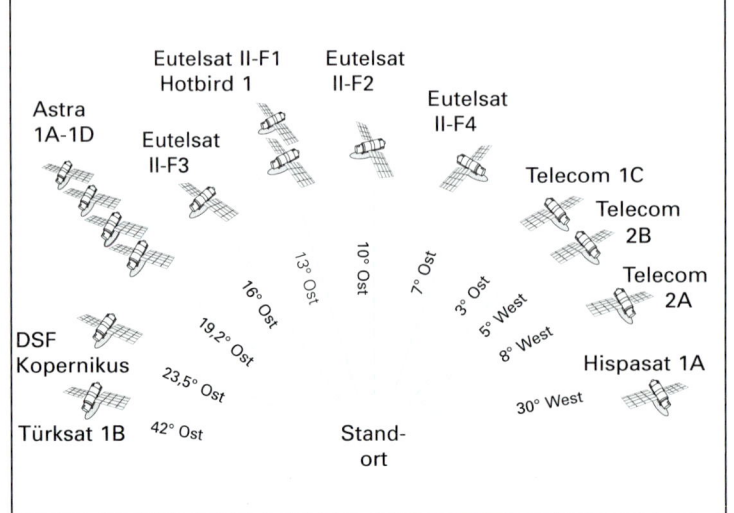

Die meistgesuchten Satelliten in der Reihenfolge, wie sie sich von der Erde aus gesehen präsentieren. Die Darstellung setzt die Blickrichtung nach Süden voraus

Schielend eingestellt

Etwas »um die Ecke« denken mußm an beim Einstellen einer Schielanlage. Hier stellt man die Schüssel so ein, daß der »schielende« LNB auf Astra »guckt«. Eine Hand zwischen Schüssel und LNB gehalten, zeigt, welcher der beiden LNBs aktiv ist. Die schielende Lösung hat wegen der verstellbaren Doppelhalterung eine etwas fummelige Montage zur Folge: hat man Astra gefunden, schaltet man auf den zweiten, im »richtigen« Brennpunkt montierten LNB um und versucht, die Schüssel auf den schwächeren der beiden gesuchten Satelliten auszurichten – dabei gerät Astra für den schielenden LNB wieder außer Sicht. Mit mehreren Durchgängen und jeweiligem Umschalten läßt sich aber auch hierbei ein gutes Ergebnis mit beiden LNBs erzielen – Geduld vorausgesetzt

Völlig freie Suche

Wer eine Anlage mit einem nicht oder fehlerhaft vorbelegten Sat-Receiver einstellen möchte oder einen Satelliten sucht, dessen Sendeangebote nicht im Receiver vorbelegt sind, geht am besten nach folgendem Muster vor. Unbedingt notwendig dabei ist eine aktuelle Sender-Belegungstabelle des gesuchten Satelliten, welche korrekte Werte für die Frequenz, die Polarisierung (H/V), den passenden Ton-Unterträger und das dort gesendete Programm nennt. Aktuelle Tabellen findet man in einschlägigen Fachzeitschriften (Titel und Adressen im Anhang). Zudem benötigt man die Werte für Ele-

vation und Azimuth, die für den jeweiligen Montageort und den gesuchten Satelliten gelten. Ohne diese Angaben oder weitere, teure Meßmittel stochert man orientierungslos im Nebel. Eine nicht benutzte Programmstation auf dem Receiver wird nun auf die Werte eines vom gesuchten Satelliten verbreiteten Programms eingestellt. Bei vielen (älteren) Receivern erfolgt die Frequenzauswahl in der sogenannten Sat-ZF, also so, wie das Signal vom LNB am Receiver ankommt. Die dann einzustellende Frequenz ergibt sich so: Sendefrequenz des betreffenden Satellitentransponders (z.B. 11,050 GHz) minus Oszillatorfrequenz (LOF) des LNB (z.B. 9,75 GHz) ergibt die gesuchte Sat-ZF (im Beispiel 1300 MHz). Ebenso wichtig wie die Frequenz ist die Polarisierung des gesuchten Programms. Hierzu wird der Receiver auf H (horizontal) oder V (im Display meist »U« für vertikal) eingestellt.

Mit dem so vorbelegten Programmplatz geht es auf die Suche. Die Schüssel wird so genau wie möglich auf die per Nomogramm ermittelten Winkel justiert (horizontal und vertikal), dann versucht man durch vorsichtiges Schwenken, ein Bild zu bekommen.

Zwei-Benutzer-Anlage

Auch die Installation einer Zweifamilien-Anlage in einem Haus überfordert einen einigermaßen geübten Heimwerker keineswegs. Voraussetzung: zwei Benutzer haben sich auf die zu empfangenden Satelliten

(beispielsweise Astra und EutelSat) geeinigt.
Die Außeneinheit besteht aus einer 80-cm-Schüssel, die mit zwei schielenden Twin-LNBs bestückt wird. Der »Hauptblickwinkel« der Schüssel zeigt auf EutelSat, der schielende LNB empfängt Astra.
Die Kabel von den LNBs führen zu einer »Verteilstation« unter dem Dach, trocken und regengeschützt montiert: Ein Multiswitch mit vier Eingängen und (mindestens) zwei Ausgängen stellt die Verbindung zu den Receivern her. Diese steuern mit der Versorgungsspannung (14/18 V), welche Polarisierungsebene gewünscht wird; ein 22-kHz-Signal auf der Leitung zum Multiswitch erlaubt die Umschaltung von einem Satelliten auf den anderen. Notwendig sind insgesamt also folgende Bausteine: Schüssel mit zwei LNBs und Schielhalterung, ein Multiswitch 4 x 2 (besser 4 x 4) sowie zwei Receiver mit 22-kHz-Funktion. Obendrein benötigt man einige Meter satellitentaugliches Koaxialkabel, etwa 10 F-Stecker, (in den meisten Fällen) vier gleichspannungsgetrennte Abschlußwiderstände für die nicht benutzten Ausgänge des Multi-

Zusatzmodule wie Multiswitch oder Einschleusbaustein montiert man im Haus oder auf dem Dachboden. Wetterfest sind diese Geräte nämlich nicht!

switch und die Antennendosen für Sat-Betrieb.

Jede Leitung zu einer Antennendose muß direkt zum Multiswitch geführt werden, ein Verlängern der Leitungen und ein Ansetzen zusätzlicher Dosen ist nur dann möglich, wenn sichergestellt ist, daß nur ein Receiver an dieser Leitung angeschlossen wird.

Das terrestrische Antennensignal wird über den Multiswitch in das Kabelnetz eingekoppelt; die Antennendosen »sortieren« die beiden Signale (Satellit/terrestrisch) wieder auseinander und stellen an den eingebauten Steckverbindungen die passenden Signale bereit: Fernsehen/Radio via Koax (wie bislang auch), Satellit via F-Stecker. Besonderes Augenmerk verdienen die Kabel, die zur Signalverteilung dienen sollen. Ältere

Koaxkabel oder gar flache Dipol-Leitungen sind für Satellitenzwecke gänzlich ungeeignet. In den meisten Fällen wird man um einen Austausch der Kabel kaum herumkommen – eine mühsame Angelegenheit, erst recht, wenn die neuen Kabel unter Putz verlegt werden. Dabei unbedingt darauf achten, daß Satellitenkabel recht empfindlich sind: nur passende Schellen verwenden, nicht scharf knicken, nie mit dem Hammer draufschlagen. Da die Hochfrequenzsignale jede Stoßstelle im Kabel mit Störungen quittieren, verwendet man am besten nur durchgehende Kabelstücke. Ein Verlängern kommt nur im Notfall in Frage und sollte nur mit F-Steckerkombinationen (Stecker – Kupplung – Stecker) ausgeführt werden.

Inbetriebnahme

Eine solche Anlage nimmt man Stück für Stück in Betrieb: Erst nachdem die Schüssel und die LNBs montiert und justiert sind, stellt man die Verbindungen zum Multiswitch her; dabei aufpassen, daß man die Kabel nicht verwechselt. Sinnvoll ist es, die Satellitenfamilie mit der größeren Anzahl Programme (im Beispiel Astra) so anzukoppeln, daß der Multiswitch diese Sender ohne aktives 22-kHz-Signal durchreicht.

Während alle anderen Ausgänge mit Abschlußwiderständen versehen wurden, kontrolliert man mit einem Receiver und Fernseher, ob die Ansteuerung und LNB-Umschaltung funktioniert. Erst danach werden die zu den Wohnungen führenden Kabel per F-Stecker angeschlossen; ein Multimeter, mit dem man die Kabel auf Kurzschluß durchprüfen kann, hilft manche Sucherei vermeiden. Am Ende bleibt die Programmierung der Receiver. Tip: Führen Sie genau Buch über die eingestellten Sender – der Überblick ist bei gut und gerne 100 Stationen schnell dahin.

Mit Gleichstromkopplung und Signalverstärker: Ein Multiswitch verteilt die ankommenden LNB-Signale auf mehrere Teilnehmer. Der Pfiff dabei: jeder meint, ihm gehöre ein »eigener« LNB

Mehrbenutzer-Matrixanlage

Was den Verkabelungsaufwand betrifft, dürfte die Matrixanlage mit zwei Satelliten und terrestrisches Fernsehen für maximal 26 Teilnehmer wohl die aufwendigste Installation sein, die man als Selbstmonteur erfolgreich realisieren kann.

Die Matrixanlage für mehrere Satelliten besteht – wie auf Seite 45 kurz beschrieben – aus einem Kopfverstärker mit Netzteil, mehreren Verteilerstärkern und je nach Notwendigkeit mehreren Leitungsverstärkern. Das Rückgrad der Anlage bildet ein Kabelstrang aus vier Koaxial-Leitungen. Sie sorgen für die Verteilung der vier Signale (je Satellit zwei Polarisierungsebenen). Die Verteilbausteine arbeiten im Grunde wie 4 x 4-Multiswitche, denn sie schalten zu maximal vier Teilnehmern jeweils eines der vier durch den Kabelstrang angelieferten Signale durch. Die Umschaltung erfolgt per 14/18-Volt-Steuerung, die Wahl zwischen den beiden Satelliten erledigt das 22-kHz-Signal vom Sat-Receiver.

Benötigt werden folgende Bausteine: eine Schüssel mit zwei schielenden LNBs (oder zwei Schüsseln, falls eine schielende Lösung nicht zum Erfolg führt), ein Kopfverstärker (mit Netzteil), der auch die Einkopplung des terrestrischen Fernsehens übernimmt, für jeweils vier Teilnehmer ein Matrix-Verteilverstärker sowie die Leitungsverstärker; sie sind nach spätestens drei Verteilverstärkern in den Kabelstrang einzufügen. Obendrein müssen noch satellitentaugliche Antennendo-

sen eingekauft werden und eine Anzahl gleichstromkoppelter Abschlußwiderstände für die unbenutzten Ausgänge eines Verteilverstärkers.

Ein konkretes Beispiel: Ein fünfstöckiges Mehrfamilienhaus mit insgesamt 21 Teilnehmern soll mit einer Matrixanlage versorgt werden, die zwei weit auseinanderliegende Satelliten empfangen soll. Also werden zwei Schüsseln mit Twin-LNBs eingekauft; jede ist für einen der beiden Satelliten geeignet. Unterm Dach wird der Kopfverstärker mit Netzteil installiert und mit den LNBs verbunden. Von ihm gehen vier Kabel – der Matrix-Strang – durchs Haus nach unten. In jeder Etage wohnen vier Teilnehmer, bis auf das Erdgeschoss, wo nur ein Mieter per Satellit fernsehen möchte. In jeder Eta-

ge wird ein Verteilverstärker installiert, von dem vier Kabel in die Wohnungen abzweigen. Nach dem dritten Verteilverstärker – also im dritten Stock – sorgt ein Leitungsverstärker für ausreichende Signalqualität. Der Verteilverstärker im Erdgeschoss beliefert nur einen Teilnehmer, seine unbenutzten Ausgänge werden mit drei Abschlußwiderständen versehen. Größtes Problem bei solchen Installationen: die Kabel richtig identifizieren. Daher jedes Kabelende sorgfältig beschriften, vor allem die Strangleitungen. Wie bei der Zwei-Benutzer-Anlage nimmt man auch ein solches System nur Stück für Stück in Betrieb. Aber Achtung: Auch im Probebetrieb müssen unbenutzte Ausgänge des Verteilverstärkers mit Abschlußwiderständen versehen werden.

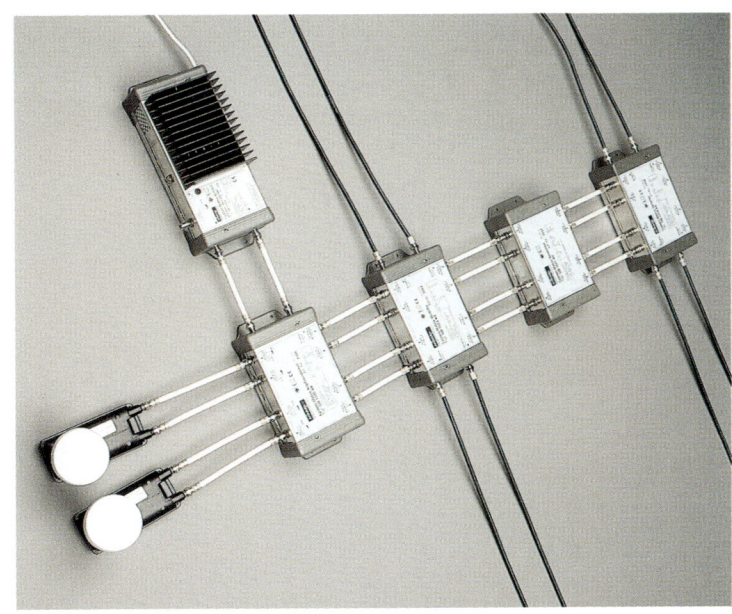

Aus verschiedenen Bausteinen setzt sich eine Matrixanlage zusammen. In dieser Konstellation stehen die Signale von zwei Satelliten für acht Teilnehmer zur Verfügung

Installation einer Polarmount-Anlage

Die Krönung des Satellitenempfangs ist sicherlich die Polarmount-Antenne, denn sie holt alle überhaupt am jeweiligen Standort empfangbaren Satelliten »vom Himmel« und läßt sich elegant vom Wohnzimmersessel aus fernsteuern. Dank Motorantrieb und sinnreicher Mechanik fährt sie auf Knopfdruck den gewünschten Satelliten punktgenau an. Dabei kommt eine Eigenart der Polarmount-Anlage zum Tragen: Durch die Drehbewegung ändert sich nicht nur der »Blickwinkel« der Schüssel, sondern auch – vom jeweiligen Satelliten aus gesehen – in engen Grenzen die Polarisierungsebene. Zur Optimierung der saube-

ren Trennung zwischen zwei Sendern nutzen manche Polarmountanlagen eine dynamische, beliebig verstellbare Korrektur, die mittels eines elektrisch erzeugten Magnetfelds die »Schräglage« der Polarisation beseitigt.

Diese magnetische Korrektur (Skew) muß natürlich innerhalb des LNB passieren, vereinfacht gesagt: zwischen Feedhorn und Polarizer. Daher eignet sich nicht jeder Universal-LNB für eine solche Polarmount-Anlage. Auch der Polarmount-Receiver unterscheidet sich von den Standard-Modellen. Zwar arbeitet seine Empfangsstufe wie bei einem normalen Gerät, obendrein aber stellt der Polarmount-Receiver die Steueranschlüsse für den Positioner bereit; so heißt die Kombination aus Getriebe, Elektromotor und Impulsgeber. Letzterer meldet

der Elektronik im Receiver, wie weit der Motor die Schüssel gedreht hat. Die Stromversorgung für den Antriebsmotor muß selbstverständlich ebenfalls der Receiver übernehmen. Schließlich sorgt die Steuerelektronik des Receivers dafür, daß eine gespeicherte Satellitenposition exakt wieder angefahren wird; dazu bietet der Receiver etliche Speicherplätze für verschiedene Satelliten an, jeweils mit Position und Polarisationskorrektur. Obendrein überwacht die Elektronik die Drehbewegung der Antenne, stoppt den Antrieb, wenn die jeweils äußerste Extremposition erreicht ist (die legt man bei der Installation fest) und sorgt dafür, daß der Motor auch dann nicht durchbrennt, wenn die Drehbeweglichkeit durch irgend ein Hindernis blockiert wird.

Den Impulsgeber in der Außeneinheit kann man auf verschiedene Weise konstruieren. So bauen manche Hersteller eine elektronische Schaltung in das Getriebe, die eine der Drehbewegung entsprechende Anzahl von Impulsen an den Receiver überträgt; diese Elektronik beansprucht dann eine eigene Spannungsversorgung (meist 12 Volt). Eine andere Lösung sieht ein sogenanntes Reed-Relais vor, ein magnetisch betätigter, hermetisch abgeschlossener Schalter, der von einem kleinen Magneten an einem der Zahnräder betätigt wird und eine Impulsleitung im »Takt« der Drehbewegung kurzschließt. Schließlich differiert die Anzahl der pro Winkelgraddrehung erzeugten Impulse von Anlage zu Anlage. Entsprechend findet man an einem Polarmount-Receiver fol-

Es geht auch ohne aufwendigen Meßpark: Mit diesen »Werkzeugen«, einem sogenannten Sat-Finder, einem vorbelegten Receiver und einem passenden Schraubenschlüssel, kann man eine Polarmount-Anlage korrekt einstellen

gende Anschlüsse: zum Motor (+/– 36 Volt), je nach LNB zum magnetischen Polarizer für die Korrektur der Polarisierung (+/– 12 Volt), die Impulsleitung zur Rückmeldung der Position (zwei Klemmen) sowie weitere Anschlüsse zur Spannungsversorgung der Elektronik an der Antenne (meist 12 Volt).

Bevor man irgendeine Verbindung zusammenstöpselt, ist ein gründliches Studium der Gerätebeschreibung und eine sorgfältige Kontrolle der Verschaltung angeraten; eine Verwechselung der Adern kann zum Totalausfall der Receiver-Elektronik führen.

Als Verbindungskabel zur Außeneinheit eignet sich nicht unbedingt jede billige Rotor-Leitung. Zunächst fließt zum Antriebsmotor ein beachtlicher Strom (mehr als ein Ampere), der einen Leitungsquerschnitt von mindestens einem Quadratmillimeter verlangt. Außerdem hat es sich bei elektronischen Impulsgebern als vorteilhaft erwiesen, die Impulsleitung abgeschirmt auszuführen. Unkritisch dagegen die Verbindung zum Polarizer, da hier nicht die Höhe der elektrischen Spannung (die ist recht störanfällig), sondern nur der fließende Strom von Belang ist.

Aufbauen und Einstellen

Die Installation einer Polarmount-Anlage scheint alles andere als trivial. Wenn man dem glaubt, was die Fernseh- und Antennenbauprofis so erzählen, ist die Selbstmontage für den Heimwerker völlig unmöglich. Bei der Vorbereitung dieses Buches, bei etlichen Gesprächen mit namhaften (und natürlich fachhandelsgebundenen) Herstellerfirmen haben wir fast gebetsmühlenartig zu hören bekommen, daß Satellitenanlagen, insbesondere die Polarmounts, von Normalsterblichen überhaupt nicht zu beherrschen seien. Dazu benötige man Fachwissen.

Doch seit dem Erscheinen der ersten Auflage dieses Buches wurden ungezählte Satellitenanlagen in Eigenregie montiert und erfolgreich in Betrieb genommen, sicher auch eine große Zahl Polarmountsysteme. Sat-Anlagen gibt es inzwischen in jedem Baumarkt und im Versandhandel. Deshalb erscheinen Zweifel an solchen nicht ganz uneigennützigen Sprüchen der Hersteller angebracht. Kurzum: Bangemachen gilt nicht. Eine Polarmount-Anlage kann man aufbauen, justieren und erfolgreich nutzen –

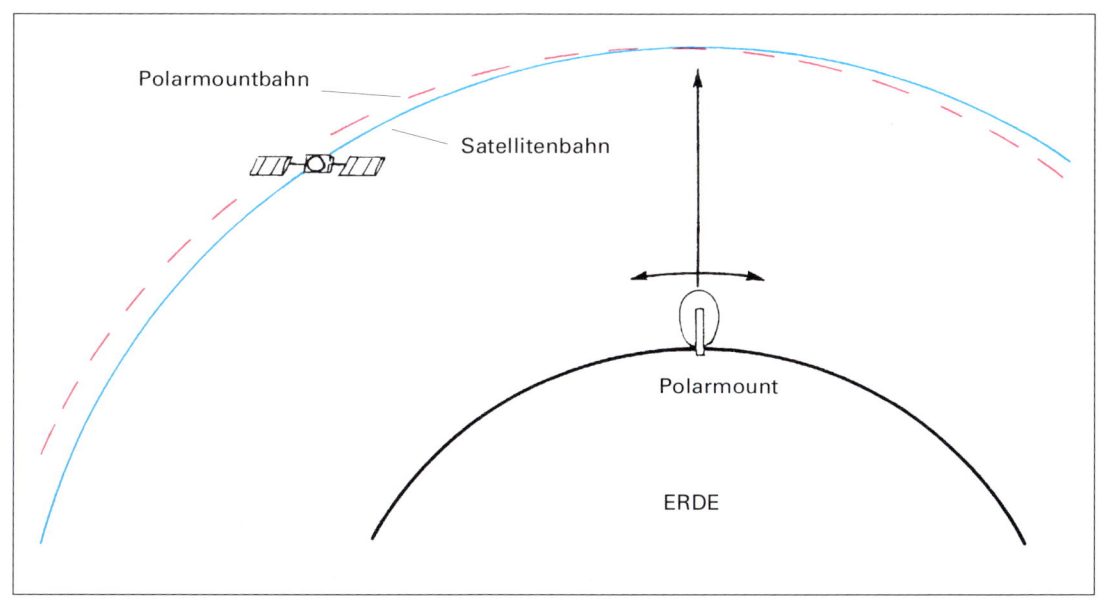

Im Idealfall stimmen sie völlig überein: die »Bahn«, die eine Polarmount-Schüssel abfahren kann, und die tatsächliche Flugbahn der Satelliten. In Wirklichkeit schneiden sich beide Linien an zwei Stellen und liegen sonst sehr nahe beieinander

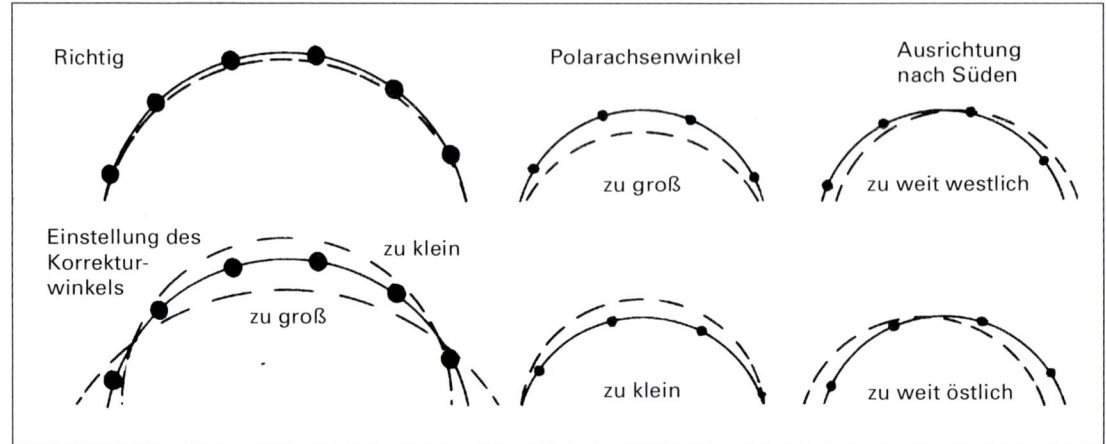

Die Skizze zeigt die Korrekturmöglichkeiten, falls Polarmount-Kurve und Satellitenbahn nicht genau genug übereinanderpassen. Langsam kann man sich an die ideale Kurve herantasten

auch ohne Fachhandwerker. Um das zu beweisen, stellen wir hier den von uns entwickelten Einstellplan für eine Polarmount-Befestigung vor. Er stammt aus der Praxis und führt auch ohne Kontroll- und Meßempfänger zum Ziel. Erste Voraussetzung dafür ist allerdings, daß der Antennenmast fest und so genau wie möglich senkrecht steht. Schon Abweichungen um nur wenige Winkelgrad haben zeitintensive Korrekturen zur Folge. Die zweite Bedingung ist eine möglichst genaue und korrekte Berechnung des sogenannten Einstell- oder Mittagssatelliten. Das hört sich auf den ersten Blick geheimnisvoll an, baut aber auf einer einfachen Überlegung auf. Die Einstellung von Elevations- und Korrekturwinkel gelingt bei einer Zentralparabolantenne mit einem Neigungsmesser, bei Offset-Konstruktionen muß man sich auf die vorgegebenen Winkelskalen verlassen. Das geht bei den größeren, für eine Polarmountkonstruktion geeig-

neten Schüsseln recht gut. Viel kritischer ist dagegen die Neutralstellung der Polarmountbefestigung, die ja genau nach Süden auszurichten ist. Was liegt dabei näher, als dazu einen der genau positionierten Satelliten zu benutzen? Zur hinreichend genauen Übereinstimmung der Kurve, welche die Schüsselbewegung bildet, mit der Bahn der Satelliten im All genügt es, für einen – nämlich für den vom Antennenstandort exakt im Süden stehenden Satelliten – die Einstellwinkel zu kennen und sie auf die Schüsselbefestigung zu übertragen; damit stimmen auch die östlichen und westlichen Grenzwerte, ohne aufwendige Nachjustage in etlichen Durchgängen. Wie findet man nun den Mittagssatelliten? Die Bundesrepublik Deutschland erstreckt sich von 6° bis 15° östlicher Länge; als Einstellsatellit kommt also je nach Standort Eutelsat II-F1 auf 13° Ost, Eutelsat II-F2 auf 10° Ost oder Eutelsat I-F4 auf 7° Ost in Frage (zum Zeitpunkt

der Drucklegung dieses Buches). Man muß sich nun für den Satelliten entscheiden, dessen Position für den lokalen Standort die geringste Abweichung nach Süden aufweist. An einem konkreten Beispiel wollen wir die verschiedenen Winkel einmal durchrechnen. Als Beispiel nehmen wir Hannover mit der geografischen Position 52° 22 min nördlicher Breite und 9° 44 min östlicher Länge. Die geringste Differenz zwischen der örtlichen Länge und einer der Satellitenpositionen tritt bei der 10°-Position auf; Eutelsat II-F2 scheint von Hannover aus auf 179,5° zu liegen. Aus dem Nomogramm für Elevation und Azimuth (siehe Seite 28) ermitteln wir für Hannover und einen Satelliten auf 10° Ost folgende Winkel:
Elevation (El) = 30 °
Azimuth (Az) = 179°
Aus dem Ergänzungswinkel der geografischen Breite zu 90° (die Theorie dazu finden Sie auf Seite 47) errechnen wir den Polarwinkel:
90° – 52° 2 min = 37° 4 min

Nachdem die Schüssel komplett vormontiert auf den Mast gesetzt ist, darf justiert werden: Hat die Einstellvorrichtung des Receivers eine Gradeinteilung für den Azimuth-Winkel, wird diese auf 1° Ost eingestellt (da unser Beispiel-Mittagssatellit auf 179° liegt); andernfalls richten wir die Mechanik – in der Mittelstellung – so genau wie möglich nach Süden aus.

Mit dem Neigungsmesser (oder der vorgegebenen Skala) wird nun der Polarwinkel auf etwas mehr als 37° eingestellt, danach die Schüssel auf die richtige Elevation von 30°. Zum Suchen des Mittagssatelliten drehen wir die gesamte Antenne auf dem Mast. Stimmt die Elevation noch nicht genau, dreht man nur an der Einstellschraube für den Korrekturwinkel. Auch hier gilt die Suchstrategie: die Antenne langsam um maximal 15° nach links und rechts schwenken, gleichzeitig den Bildschirm beobachten. Wird ein Bild empfangen, ist zu kontrollieren, ob es auch vom gesuchten Satelliten stammt. Ist das der Fall, wird der Kopf der Polarmountanlage am Mast festgeschraubt.

Entsprechend der Bedienungsanleitung zum Receiver und Positionierer fahren wir jetzt die verschiedenen Satellitenpositionen an. Besonders darauf achten, daß man die »richtigen« Satelliten einfängt und daß Polarisationskorrektur (Skew) und Elevation optimal eingestellt sind. Letzteres kontrolliert man, indem man die Schüssel bei jeder neuen Position vorsichtig nach »oben« und »unten« biegt; idealerweise verschlechtert sich dabei das empfangene Bild.

Eine so praktische Azimuth-Skala macht die Orientierung auf die äquatoriale Satellitenposition fast zum Kinderspiel

Praktisch bei der Suche ist ein Pegelmesser (im Handel unter dem Namen *Sat-Finder* bekannt), den man in die Leitung zum LNB einschleift und der ein empfindliches Einstellen der Schüssel auf Pegelmaximum gestattet. Vorsicht: diese Pegelmesser arbeiten so breitbandig, daß sie nicht zwischen zwei in direkter Nachbarschaft stehenden Satelliten unterscheiden können. Dann kann es dazu kommen, daß der stärkere den schwächeren überlagert. Die Einstellung mit dem Sat-Finder ist also nur sinnvoll, wenn man zugleich den Bildschirm im Auge behält. Die

festgestellte Tendenz (nach »oben« oder »unten«) hilft bei der Verbesserung der Einstellung von Elevations- und Korrekturwinkel, und das macht man am besten mit dem Mittagssatelliten. Denn da sich beide Winkel zu einer einzig korrekten Summe ergänzen, führt planloses Verstellen anderer Winkel nur im Glücksfall zu einer Verbesserung.

Trotz ausgefeilter Strategien gelingt das Einstellen einer Polarmount nicht im Handumdrehen. Für ein optimales Ergebnis ist geduldiges, systematisches Vorgehen gefragt. Durch das Ergebnis wird man belohnt.

Einkaufstips
für Satellitenanlagen

Satellitenanlagen gibt es inzwischen bei großen Elektronik-Versendern,
Computer-Handelsketten, im Bau-, Hobby- und im
Supermarkt. Ob preiswert oder aufwendig – die Auswahl ist riesengroß.
Deshalb geben wir abschließend einige praktische Einkaufstips
anhand typischer Gerätekombinationen.

Ohne realen Bezug schweben alle praktischen Tips im luftleeren Raum. Daher geben wir im folgenden Kapitel anhand einiger Beispiele praktische Tips, wie Sie Ihre Satellitenanlage zusammenstellen können und was Sie dabei erwarten dürfen. Doch sollen unsere Hinweise nicht als Patentrezept oder als blind befolgbare Einkaufsanweisung gelten, sondern Ihnen angesichts des stets wachsenden Angebots die Orientierung erleichtern.

Je nach Geldbörse, Empfangs-Ambitionen (»Ich will alle ...«) und lokalen Bedingungen genügt eventuell eine schlichte Standard-Lösung mit entsprechender Ausstattung; für andere Rahmenbedingungen muß es dagegen eine komfortablere und größere Anlage sein. Damit Sie bei dieser Entscheidung konkrete Vorstellungen entwickeln können, wählten wir die auf den folgenden Seiten vorgestellten Anlagentypen aus, denn bei den Vorbereitungen zu diesem Buch haben wir etliche Anlagen testweise installiert und ausprobiert. Welche Anlage Sie kaufen sollen, wollen wir Ihnen nicht vorschreiben. Was Sie von welchem Anlagentyp erwarten können, sollen Sie aber schon erfahren. Aus gutem Grund nennen wir keine Typenbezeichnungen oder Preise; da sich diese Details im Laufe weniger Wochen ändern.

Astra-Single-Paket

Mit so wenig Aufwand wie möglich Astra empfangen – das ist die Idee, die hinter den vielen Astra-Einfach-Anlagen

steht. Sie bestehen grundsätzlich aus einer recht billigen Schüssel im 60-cm-Format, einem einfachen LNB und dem passenden, vorprogrammierten Receiver. Was Ihnen noch zu tun bleibt, ist die Schüssel zu installieren und die nötigen Kabel zu verlegen. So kommt man für wenige Hunderter – preiswerte Anlagen rangieren schon ab 200 Mark – zu einer brauchbaren Lösung. Und daß dabei nicht immer hochwertige Qualität zum niedrigen Preis geboten wird, sollte Ihnen klar sein.

Eine Billiganlage unterscheidet sich von teureren Angeboten vor allem in puncto Empfangsreserven, was sich in der Bildqualität bei schlechterem Wetter äußert, und bei der Lang-

zeitstabilität der verwendeten Bauteile. Das kann sich in einem wackeligen Ausleger für den LNB äußern, in einer ungenauen Elevationsskala – oder nach wenigen Wochen norddeutschen Regenwetters in häßlichen Rostflecken am Parabolspiegel. Auch die bei Sparpaketen häufig eingesetzten LNBs zählen nicht unbedingt zu den besonders rauschfreien Modellen.

Andererseits bekommt man hier und da für einen Schnäppchenpreis auch schon bessere Qualität. Sie schlägt sich nieder in einem LNB mit weniger als 1,0 dB Rauschen, einem robusten Aluminiumspiegel mit feuerverzinkter Masthalterung; dazu gehört ein Receiver mit 22-kHz-Schaltung und Stereo-

Viel Satellit für wenig Geld – dieser Maxime entsprechen preiswerte Anlagen wie diese

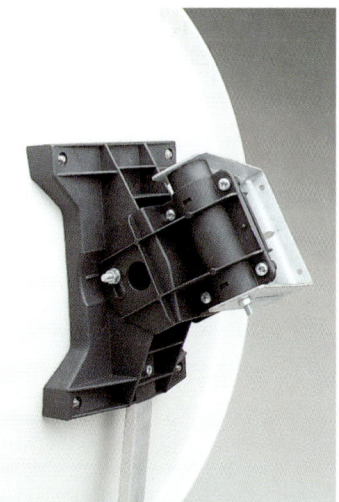

Drei Teile aus hochzähem Kunststoff verhelfen dieser Schüssel zu sicherem Halt

Twin-Set für zwei

Ein Programm ansehen und gleichzeitig ein anderes aufzeichnen – dank Twin-Anlage kein Problem. Twin-Anlagen erfreuen sich steigender Beliebtheit, ersparen sie doch manchen innerfamiliären Zwist. Sie bietet quasi alles zweifach, von der Empfangselektronik im LNB bis zum Tuner.

Folglich besteht eine solche Kombination aus Twin-LNB (zwei unabhängige LNBs in einem Gehäuse) und doppelt ausgeführtem Receiver, dessen einer Zweig den Fernseher versorgt, während die zweite Hälfte im Hintergrund dem Videorecorder zuarbeitet. Die einfacheren Twin-Sets kommen nur mit der Grundausstattung daher;

sie verfügen typischerweise über mindestens zweimal 200 Programmplätze, Ausgang für den Stereoton, Fernbedienung und ein sogenanntes On-Screen-Display (OSD). Es nutzt die Bildschirmfläche des Fernsehers, um die Informationen, Wahlmöglichkeiten und Einstellparameter des Receivers anzuzeigen. Im Vergleich zu den oft winzigen Displays normaler Bauweise zeichnen sie sich durch besonders gute Bedienbarkeit aus – wer hockt sich schon freiwillig stundenlang vor den Sat-Receiver? Teurere Anlagen bieten gesteigerten Bedienungskomfort und enthalten beispielsweise einen programmierbaren 22-kHz-Ausgang, eine aufwendigere Tonstufe (Wegener-Panda) oder ei-

Cinch-Ausgängen für den Ton. Wer weiß, auf was er sich einläßt, kann mit einem solchen Komplettpaket für wenig Geld seine ersten Erfahrungen mit dem Satellitenempfang machen – oder eine völlig ausreichende Dauerlösung finden. Bei Programmerwartungen, die dank der reichhaltigen Bestückung der Astra-Satelliten keine Ambitionen auf weitere Sender hegen, kommt man mit einer solchen Anlage aus. Der Begriff »Komplettpaket« ist übrigens nicht ganz so wörtlich gemeint. Denn obendrein benötigen Sie noch Koax-Kabel, F-Stecker, Dichtband, Kabelschellen, einen Mast usw.

Typische Eigenschaften
- Single-LNB, astratauglich
- Receiver mit mindestens 200 Programmplätzen und
- Fernbedienung

Alles doppelt sehen: für Fernseher und Videorecorder bietet diese Sat-Anlage jeweils einen unabhängigen Tuner

Die Bedienungsfront eines typischen Twin-Receivers

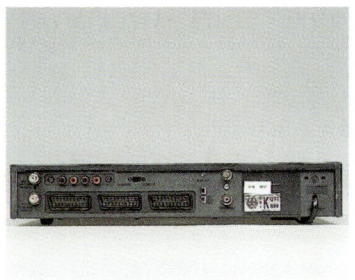

Kontaktfreudig: Die drei SCART-Buchsen des Twin-Receivers

Schielend doppelt empfangen

Ob man eine vorhandene Anlage nachträglich erweitert oder gleich von vornherein als schielendes System auslegt, ändert am grundsätzlichen Funktionsprinzip nichts. Dennoch wird die nachträgliche Erweiterung einer bestehenden Anlage nicht so einfach von der Hand gehen, wenn der betreffende Receiver beispielsweise keinen 22-kHz-Ausgang bietet oder ersatzweise keine andere, per Programmtaste aktivierbare Schaltfunktion (z.B. programmierbarer 12-V-Ausgang). Daher dürfte es in vielen Fällen sinnvoller sein, die »alte« Schüssel samt Receiver auf dem Gebrauchtmarkt anzubieten und sich ein Komplett-Schielpaket zu kaufen. Es enthält meist eine Schüssel mit großem Blickwinkel, zwei geeignete Breitband-LNBs mit entsprechender Doppelhalterung, einen 22-kHz-Umschalter sowie einen schiel-tauglichen Receiver, der entweder zwei LNB-Eingänge aufweist (eher selten) oder mit dem 22-kHz-Signal einen an der Schüssel zu montierenden Umschalter fernsteuert.

Spätestens dank der Vorbelegung der Receiver-Stationstasten ab Werk macht sich der Neukauf bezahlt. Denn die Programmiererei der etlichen Stationen auf den beiden Satelliten zählt nicht gerade zu den besonders unterhaltsamen Freizeitbetätigungen.

Achten Sie beim Kauf einer Schiellösung darauf, daß der Ausleger der Schüssel nicht zu zierlich ausfällt. Er muß die doppelte Last tragen und trotz-

nen automatischen Suchlauf, der ohne weitere »aufwendige« Aktivitäten des Besitzers alle empfangbaren Sender einstellt.

Das logische »Herz« eines komfortablen Twin-Receivers ist der Timer, eine elektronische Schaltuhr, die getreu der Programmierung des Benutzers zu einem vorbestimmten Zeitpunkt den Receiver einschaltet und einen bestimmten Fernsehsender anwählt. Zusammen mit einem entsprechend programmierten Videorecorder ist die automatische Aufzeichnung von Sendungen aus dem Satellitenfernsehen immerhin machbar, wenn auch mit erheblichem Programmieraufwand – immerhin müssen zwei Geräte korrekt eingestellt werden, damit sie vollautomatisch zusammenarbeiten.

Die etwas besseren Sat-Receiver zeigen obendrein an ihrer Gerätefront den Namen des gerade empfangenen Programms an – allerdings nicht vollautomatisch, sondern nur nach der vom Besitzer gelieferten Vorgabe. Trotzdem ist ein solches Display im Programm-Dschungel des Sat-TV-Zeitalters sehr praktisch.

Wer mit bestmöglicher Qualität sowohl fernsehen als auch aufzeichnen möchte, der sollte seine Geräte per *Scart*-Kabel miteinander verbinden. Damit sich Fernseher, Videorecorder und Satelliten-Receiver nicht in die Quere kommen, muß man aber meist ein *Scart*-Umschaltgerät spendieren.

Eine andere Ausrichtung verfolgt eine Anlagenkombination, die ebenfalls häufig Twin-Set genannt wird, aber zwei unabhängigen Zuschauern in getrennten Räumen den Zugriff auf das »himmlische« Fernsehen einräumt. In solchen Paketen findet man folglich eine Schüssel mit Twin-LNB und zwei Receiver, die jeder an eine »Hälfte« des Twin-LNB angeschlossen werden.

Eine Twin-Anlage zählt selten zu den ganz billigen Angeboten.

Typische Eigenschaften
- zwei unabhängige Empfangsmöglichkeiten
- programmierbar
- für automatische Videoaufzeichnung geeignet

Eine komplette Schielanlage: Schüssel für zwei LNBs, Doppelhalterung, 22-kHz-Umschalter und passender Receiver

dem stabilen Halt für die LNBs bieten. Eine massive Konstruktion aus Stahlrohr oder einem kräftigen Alu-Vierkant verdient hier den Vorzug vor einer wackeligen »Sparausgabe«. Wer seiner alte Anlage nachträglich das »Schielen« beibringen möchte und einen 22-kHz-tauglichen Receiver sein Eigen

nennt, kommt mit einem zweiten LNB, einer Doppelhalterung, einem kurzen Stück Koaxkabel und einem 22-kHz-Umschalter aus. Manche Schüssel kann man mit Gewindestangen und einigen Winkelprofilen soweit stabilisieren, daß sie den LNBs genügend Halt gibt; dabei laufen vom Schüsselrand

zwei Verstrebungen zum Ausleger, die am Ausleger befestigt werden.

Die meisten Schielhalterungen sind schon für die Kombination Astra/Eutelsat (Hotbird) vorgesehen. Eine Feinjustage erübrigt sich bei ihnen meist schon deshalb, weil entscheidend für den Schiel-Winkel nicht die schräge Blickrichtung des zusätzlichen LNB, sondern sein Abstand zum Haupt-LNB ist – und der ist durch die Halterung vorgegeben.

Eine Dreifach-Schiellösung bietet MWC in Alfer an. Sie basiert auf einer trickreichen Befestigung der zusätzlichen LNBs, die mit etwas handwerklichem Geschick auch nachträglich an bereits vorhandene Schüsseln montiert werden kann. Die zusätzlichen LNBs lassen sich exakt in Abstand und Blickwinkel justieren. Den Kontakt zum Receiver stellt eine geschickte Kombination mehrerer Multiswitch-Bausteine her, die, per Programmtaste gesteuert, automatisch auf den gewünschten LNB umschalten. Ob sich diese Schaltung aber mit dem vorhandenen Receiver verträgt, sollte man vor dem Kauf klären.

Eine schielende Anlage kann man auch für mehrere Teilnehmer aufbauen; das erfordert entsprechende Twin-LNBs und Matrix-Verstärker, wie auf Seite 45 bereits beschrieben wurde.

Mit einer solchen Halterung kann man auch älteren Anlagen das »Schielen« beibringen

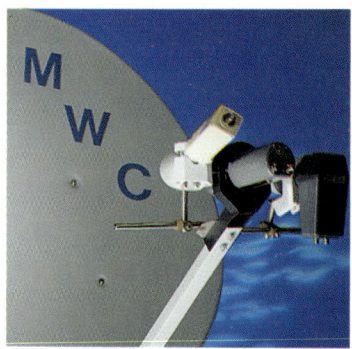

Drei LNBs an einem Ausleger: die Lösung von MWC machts möglich

Typische Eigenschaften
- bis zu drei Satelliten mit einer Schüssel
- preiswerte Alternative zur Polarmount-Anlage
- relativ einfache Montage

Antennenflunder: flach und gut

Nicht zwangsläufig muß eine Satellitenantenne eine parabolische Form aufweisen. Daß man mit einer Antenne – flach wie ein Nudelbrett – problemlos Astra empfangen kann, beweisen etliche »Flachmänner«, die unauffällig und wetterfest ihren Dienst tun. Regen, Wind, selbst leichter Schneefall macht ihnen nichts aus. Nur das massive Auftreten der winterlichen Pracht quittiert die Flachantenne mit einer leicht reduzierten Empfangsleistung; daher empfiehlt es sich, sie möglichst unter einem Dachvorsprung, also etwas geschützter als die Offset-Schüsseln, zu montieren. Davon abgesehen stehen die Flachantennen den voluminöseren Versionen der Sat-Antennen in nichts nach.

Bei vielen Flachantennen findet man auf der Rückseite ein Gehäuse, das stark an einen handelsüblichen LNB erinnert. Doch im Unterschied zu den Standard-Ausführungen kann man diese Bauform keinesfalls

Klein und unauffällig: die Flachantenne steht ihren großen Parabol-»Brüdern« kaum nach

in Eigenregie ausbauen oder auswechseln. Denn die aktive Elektronik steht mit den vielen kleinen Dipol-Elementen in direktem elektrischen Kontakt. Mit vergleichsweise geringem Montageaufwand hängt das »platte Ding« recht bald am Mast oder an der Hauswand. Bei der Ausrichtung muß man

aber etwas umdenken, wenn man sich bislang (in Gedanken oder real) mit Offsetantennen befaßt hat; denn der zu empfangende Satellit liegt senkrecht zur Antennenfläche. Im Vergleich zu den ersten Versionen der Flachantennen weisen die heute angebotenen Bauformen deutlich bessere Empfangsergebnisse auf. Die integrierten LNBs bescheiden sich mit Rauschwerten deutlich unter 1 dB (typisch 0,8 dB), die Bündelungswirkung der »Antennenflunder« genügt ohnehin den Anforderungen an modernen Satellitenempfang.

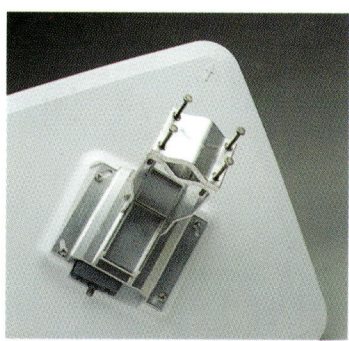

Unter der Mast-Halterung »versteckt« sich der Spezial-LNB dieser Flachantenne

In den massiven Masthalter eingeprägt: die Skala für die Elevation

Typische Eigenschaften
- unauffällig
- klein
- witterungsunempfindlich
- geeignet für Reisen

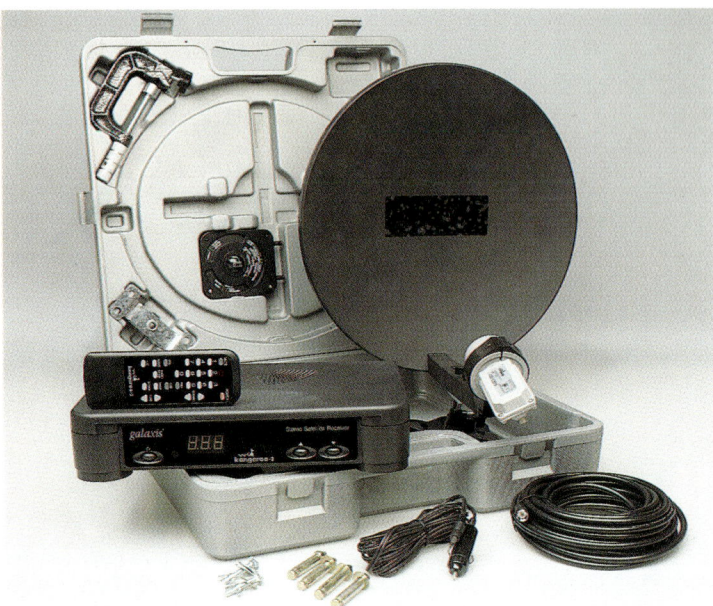

Satellitenempfang aus dem »Zauberkoffer«: Schüssel, Receiver, Netzgerät, Kabel – sogar eine Fernbedienung ist dabei

Winzling
aus dem Koffer

Mit der Kangoroo-Anlage im Koffer ist der Satellitenempfang auch draußen im Grünen kein Problem. Bis auf den Fernseher bekommt man eine praktische und handliche Lösung.

Die Fiberglas-Antenne darf mit ihren Maßen von lediglich etwa 40 x 35 cm allemal als Zwerg durchgehen. Die Schüsselhalterung mit Saugfuß oder Mastzwinge verleiht der Konstruktion völlig ausreichenden Halt. Alternativ zur mobilen Montage läßt sich eine »richtige« Wandhalterung mit Dübeln und Schrau-

ben an einer Hauswand befestigen. Dank eines ansteckbaren Spezialkompaß' gelingt die Ausrichtung der Schüssel im Handumdrehen.

Trotz der bescheidenen Abmessungen wartet der Antennenzwerg mit einem Ausstattungskomfort auf, der normalen Anlagen nicht nachsteht. Der Receiver bietet 250 Programmspeicher, liefert Stereo-Ton und enthält einen Testbildgenerator. Selbst die drahtlose Fernbedienung fehlt nicht.

Die Stromversorgung übernimmt entweder ein Netzgerät – auch das findet man im Koffer – oder das Bordnetz des Autos, dann benutzt man ein mitgeliefertes Spezialkabel zum Anschluß an die Zigarettenanzünderdose. Der Receiver akzeptiert sowohl die »Pkw-Spannung« (12 V) als auch die Bordspannung von Lkws und Geländewagen (24 V). Wer diesen pfiffigen Sat-Winzling auf dem Caravan betreiben möchte, sollte sich rechtzeitig um eine geeignete Sicherung gegen Diebstahl kümmern – wie leicht finden solch praktische Dinge neue »Freunde«.

Der Empfang schließlich weist die Kangoroo als Schön-Wetter-Anlage aus. Denn wohlgemerkt: eine solche Kombination ist nichts für Winterstürme oder regenreiche Herbsttage. Aber wer setzt sich dann schon ins Camping-Zelt …

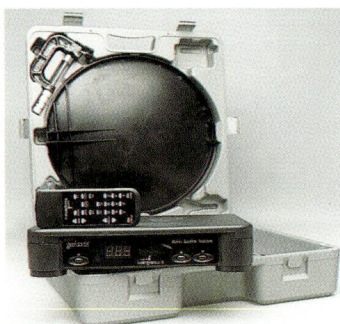

Klein, aber komfortabel: der Receiver aus dem Koffer

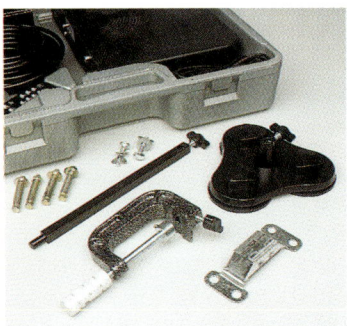

Ob Balkon, Mast oder Caravan-Dach, die Kangoroo hält überall

Typische Eigenschaften
- am Auto- oder Caravan-Bordnetz zu betreiben
- komfortabler Receiver
- Fernbedienung
- einfache Montage

Selbstsucher: Für Camping, Schiff und Lkw

Sicher kann man Astra-Empfangsanlagen deutlich billiger einkaufen als das Sat-Track-System von Technisat. Es kostet etwa 2400 Mark und eignet sich für den mobilen Astra-Satellitenempfang in Wohnmobil und Caravan, für Lkw und Boot. Vollautomatisch sucht es die korrekte Antennenstellung und justiert sich auf die Position mit dem bestmöglichen Empfang. Prädikat: äußerst benutzerfreundlich! Herzstück des Systems ist eine elektronisch gesteuerte, motorisch dreh- und neigbare Flachantenne. Auf Knopfdruck beginnt das System selbsttätig die Suche nach den Astra-Satelliten. Die Antenne schwenkt hin und her, auf und ab, und bleibt nach wenigen Sekunden stehen: Astra ist gefunden, der Empfang kein Problem mehr – vorausgesetzt ein Empfang ist überhaupt möglich. Zeitraubendes Montieren auf dem Caravandach kann man sich damit also ersparen.

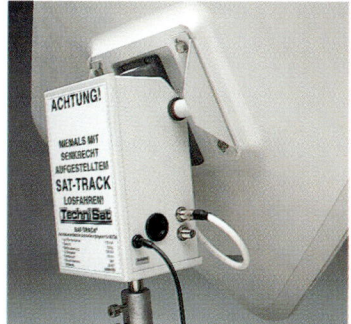

Dieser Motorantrieb sorgt für die automatische Positionierung der Antenne auf die Astra-Satelliten

Fährt automatisch auf Astra: die Sat-Track-Anlage von TechniSat dreht und kippt selbsttätig die aufmontierte Flachantenne

In die Flachantenne bauten die Ingenieure einen rauscharmen LNB (0,8 dB) ein. Bei einer Kantenlänge von 47 Zentimetern liefert die Konstruktion eine Empfangsleistung, die der einer 60er Schüssel entspricht. Der motorische Antrieb benötigt während des »Anfahrens« von Astra eine Versorgungsspannung zwischen 13 und 19 V, die vom Receiver geliefert werden. Der arbeitet mit 12 V, akzeptiert aber auch eine normale Steckdose (220 V Wechselstrom). Er bietet knapp 400 Programmplätze, ist für Astra vorprogrammiert und läßt sich über eine mitgelieferte Fernbedienung steuern. Während der Fahrt darf die Antenne allerdings nicht senkrecht stehen, das Antriebsgetriebe würde durch den Fahrtwind beeinträchtigt. Daher liefert der Hersteller einen robu-

sten Klappmast mit, der in das Dach eines Wohnmobils oder Caravans eingebaut wird. Mit einem Hebel legt man die außen auf dem Dach montierte Antenne von innen flach. Während das Sat-Track-System sich automatisch auf Astra positioniert, sucht die größere Version – der SatRider – auch andere Satellitensysteme, z.B. Eutelsat Hotbird 1. Allerdings liegt der Preis für diesen Satelliten-Bummler deutlich höher.

Typische Eigenschaften
● automatische Suche nach der Astra-Satellitengruppe
● kompakte Abmessungen
● robust und wetterfest
● mit Klappmast auch aus dem Caravaninnern flachzulegen

Einzelbausteine

Es muß nicht immer eine Paketlösung sein, die bis auf Kabel und Steckverbinder alle benötigten Gerätschaften enthält. Manche Bausteine, interessante Erweiterungen, muß man schon einzeln erwerben. Ein Beispiel dafür ist ein Sat-Receiver von Huth; der »digital 600« ist ein vollwertiger Sat-Receiver mit 330 Programmplätzen, 22-kHz-Steuerung, mehrsprachigem On-Screen-Display, einer Anzeige des Sendernamens und einem sechsfachen Timer. Obendrein bietet er drei SCART-Buchsen (TV/Videorecorder/Decoder) – und obendrein die Möglichkeit, sich auch nachträglich für das

»Astra Digital Radio«, kurz ADR, zu entscheiden. Ein entsprechendes Modul ist nachrüstbar. Wer es zeitlich sehr exakt braucht, erwirbt ein kleines Modul mit einem Empfänger für die Atomuhr der Physikalisch-Technischen Bundesanstalt, deren Signale über einen Langwellensender bei Frankfurt (DCF 77) verbreitet werden. Damit läßt sich eine verpatzte Aufzeichnung wegen ungenau gehender Timeruhr vermeiden – zumindest was den Sat-Receiver betrifft. Technisat baut einen ADR-Empfänger mit Decoderbaustein für den »Digital Music Express« (DMX). Das digitale Satellitenradio ADR überträgt in CD-Qualität etliche bekannte Rundfunk-

sender, von vielen öffentlich-rechtlichen Funkhäusern (HR, WDR, BR, MDR, SDR, SWF und andere) bis zu manchen privaten Stationen. Zusammen mit diesen frei zugänglichen Programmen werden die Signale des DMX ausgestrahlt, die ein Decoder in Verbindung mit einer SmartCard in hörbare Sendungen entschlüsselt. Die SmartCard kostet im Abonnement eine monatliche Gebühr und eröffnet via DMX kontinuierliche Musiksendungen ohne Moderation und Werbung. Der ADR-Tuner benötigt allerdings einen »eigenen« LNB, um ungehindert auf beide Polarisationsebenen der Satelliten-Signale zugreifen zu können. Als einfachste Möglichkeit tauscht man einen Einzel-LNB in einer Astra-Sat-Anlage gegen eine Twin-Ausführung aus; das funktioniert auch bei schielenden Kombinationen.
Besitzer älterer Sat-Anlagen, die noch nicht für Astra-1D geeignet sind, möchten vielleicht vor dem vollständigten Neukauf einer Astra-1D-tauglichen Kombination wissen, ob sich das angesichts der ausgestrahlten Programme lohnt. Ein kleines Zusatzgerät schaltet sich auf Kommando in die Verbindung zum vorhandenen LNB (LOF: 10 GHz) und setzt die ankommenden Signale einfach um 500 MHz »nach unten« oder »oben« um. Zur Steuerung der Umsetzerfunktion nutzt man entweder einen am Receiver vorhandenen, schaltbaren 12-Volt-Ausgang, eine TV/SAT-Umschaltung, die auf Stift 8 der SCART-Buchse eine Schaltspannung liefert, oder einen zweckentfremdeten Ausgang für einen magnetischen Polarizer.

Nachrüstbar auf ADR: der »digital 600«-Sat-Receiver von Huth Communications

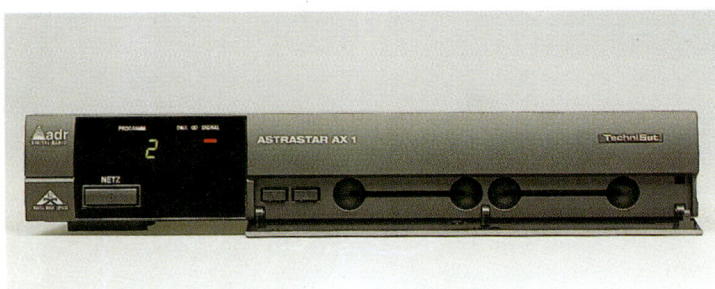

Empfängt das »Astra Digital Radio«: der ADR-Tuner mit DMX-Decoder von Technisat

Satellitenkino mit Surround-Sound

Bevor es abschließend um die Polarmount-Anlagen geht, stellen wir einen »satellitenempfangstechnischen Rundumschlag« mit einigen technischen Raffinessen vor. Damit lassen sich zwei Satelliten empfangen, eine programmierbare Aufzeichnung des Satellitenprogramms ist kein Problem, und der Receiver gibt den Ton per Dolby-Surround-Decoder »kino-kompatibel« wieder. Als Außeneinheit kommt eine 85-cm-Offsetschüssel mit schielenden LNBs – z.B. für Astra und Eutelsat Hotbird – zum Einsatz; eine Doppelhalterung erleichtert die Justage der beiden rauscharmen LNBs. Die Umschaltung zwischen den Konvertern übernimmt der Receiver, der dazu zwei Eingangsbuchsen aufweist. Er wird neben dem Fernseher aufgestellt und bietet eine satte Ausstattung: einen Timer für mehrere Tage und Programme, eine Anzeigefunktion des Sendernamens (vorprogrammiert oder vom Benutzer eingegeben), ein farbiges On-Screen-Display für die verschiedenen Empfangsparameter und den Dolby-Pro-

Klangvoll und ausstattungsreich: die Schielanlage mit 85er Schüssel, Komfort-Receiver und Dolby.Surround-Sound

Satte Ausstattung und viele Anschlußbuchsen: der Sat-Receiver mit Dolby-Surround-Sound

Logic-Decoder mit vier nachgeschalteten Tonendstufen.
Dem allgemeinen Standard entspricht die Anzahl der 250 vorbelegten Programmstationstasten. Keinesfalls von normaler Ausstattung kann beim Ton die Rede sein. Denn der Receiver stellt an seinen Anschlußbuchsen die Tonsignale für die insgesamt fünf Audiokanäle (links, Mitte, rechts, hinten links/rechts) bereit. Sie sorgen bei entsprechend ausgestrahlten Filmen für einen Rundum-Klangeffekt, der dem Hörerlebnis im Kino sehr nahekommt. Diese zwar aufwendige, aber wirkungsvolle Tonabstrahlung erfolgt entweder über kleine Boxen, die am Receiver angeschlossen werden und zusammen mit den Stereo-Lautsprechern des Fernsehers den gewünschten Raumklang erzeugen; alternativ schließt man zusätzliche Verstärker mit Laut-

sprecherboxen an.
Die verwendeten Audio-Komponenten müssen nicht unbedingt HiFi-Qualität aufweisen; vor allem für die Surround-Boxen, die hinter den Zuschauern aufgestellt werden, genügen relativ kleine Exemplare geringer Leistung. Für die beiden Stereo-Front-Boxen sowie den Mittenlautsprecher empfiehlt sich allerdings bessere Qualität. Denn bei Filmen, die mit Mono-Ton ausgestrahlt werden, sowie bei Stereo-Soundtracks macht sich eine minderwertige Tonanlage durchaus negativ bemerkbar.

Typische Eigenschaften
● zwei LNB-Eingänge
● komfortable Ausstattung
● Dolby-Surround-Sound mit eingebauten Endstufen

Die mit dem Dreh: Polarmount

So richtig rund geht es im letzten Abschnitt dieses Buches: die Polarmount-Anlagen mit motorischer Drehmechanik setzen dem Satellitenempfang keine technischen Empfangsgrenzen mehr – natürlich nur, wenn der Antennenstandort solche Freiheiten gestattet.

Ein sehr kompaktes Mechanikmodul zeichnet die Polarmount-Anlage von MWC aus. Sie ist als zentrische Parabolantenne im 1-m-Format ausgelegt und verfügt über die typische Dreibeinkonstruktion, für den LNB. Der fast schon zierlich wirkende Getriebekopf wird mit dem Receiver über ein mehradriges Steuerkabel verbunden. Für die Justage der entscheidenden Winkel (Elevation, Korrektur) sind massive Gewindebolzen vorgesehen.

Der Receiver erlaubt eine komfortable Einstellung der verschiedenen technischen Werte und erleichtert dank der Vorprogrammierung etlicher Sender die Einstellung des Systems.

Am Zahnkranz geführt: die Polarmount-Anlage STP 300 von Grundig mit Doppelfocus-Antenne im 90er Format

Eine robuste und empfangsstarke Polarmount-Anlage diente uns als »Tummelplatz« für die verschiedenen Versuche, ein möglichst einfaches Einstell-Verfahren für Polarmounts zu finden. Die Grundig-Anlage zeichnet sich trotz iherer Tarnfarbe nicht gerade durch Unauffälligkeit aus – dazu ist sie einfach zu groß. Die 90er Offsetschüssel mit Doppelfocus-Anordnung stammt aus skandinavischer Fertigung. Der Ausleger für Zweit-Reflektor und LNB besteht aus einem hochstabilen Alu-Trapezprofil mit mehreren Innenverstrebungen, der dem Subreflektor und dem LNB den nötigen Halt verleiht. Die Drehkonstruktion basiert auf einem halbkreisförmigen Zahnkranz, in den das Zahnrad

des Antriebsmotors eingreift. Das LNB-Modul wird aus Feedhorn, magnetischem Polarizer und Downconverter zusammengesetzt; Dichtringe verhin-

Fast schon zierlich wirkt der Getriebekopf, der die große Parabolantenne der MWC-Anlage hält und dreht

In diesen massiven Zahnkranz greift das Zahnrad auf der Motorachse ein und dreht so die Offset-Schüssel

dern das Eindringen von Wasser und Feuchtigkeit.

Aus schweren Gußteilen setzt man die Schüsselhalterung zusammen. Den Antriebsmotor verbindet man am besten vor der etwas kniffligen Montage (sie muß »um die Ecke« erfolgen) mit den Leitungen für Motorspannung und Impulsgeber, die zum Receiver führen.

Der Grundig-Receiver, der zum Komplett-Set gehört, erleichtert durch seine vollständige Vorbelegung die Einstellung der Polarmount-Schüssel sehr. Er bietet weitreichenden Bedienungskomfort, arbeitet funktionssicher und robust und nimmt auch Fehler bei der Programmierung nicht übel. Zusammen mit der großen Doppel-Focus-Schüssel liefert er eine sehr ordentliche Empfangsqualität mit großen Reserven. Auch eine Polarmount-Befestigung läßt sich einzeln kaufen oder sogar nachrüsten.

Mit der »H & H Mount« von Conrad Electronic steht ein preiswertes Modul bereit, um eine vorhandene Schüssel – ob in Offset- oder Zentralparabol-Bauform – in eine Polarmount-Anlage zu verwandeln; dabei darf die Schüssel zwischen 60 cm und 120 cm groß sein. Das Modul besteht aus massivem, verzinktem Stahl und wird

quasi zwischen den eigentlichen Mast und ein kurzes Rohrstück »geschaltet«, das für die Schüssel die Rolle des Mastes übernimmt. Der Drehwinkel beträgt 140 Grad. Ein kräftiger Elektromotor (12 bis 36 V Gleichstrom) dreht das angeflanschte Rohrstück mit der daran befestigten Schüssel. Außer dem elektromechanischen Baustein ist natürlich noch ein entsprechender Receiver vonnöten, der die Stromversorgung für den Motor bereitstellt, die Speicherung der Positionsdaten übernimmt und das gezielte Anfahren der gespeicherten Positionen erlaubt. Solche Geräte haben seit den Tagen der ersten Polarmounts erhebliche Preissenkungen erlebt – eine ordentliche Drehanlage ist inzwischen für unter 1000 Mark zu haben.

Die allermeisten motorisch angetriebenen Polarmount-Systeme sind übrigens mit einer unfreiwilligen, »akustischen Betriebsanzeige« ausgestattet: Je nach Schwingungsneigung der tragenden Konstruktion – Mast, Dach – und der verwendeten Schüssel hört der Nachbar recht gut, wann man seine Antenne auf einen anderen Satelliten ausrichten möchte.

Im Vergleich zu den »stationären«, also unbeweglichen Anla-

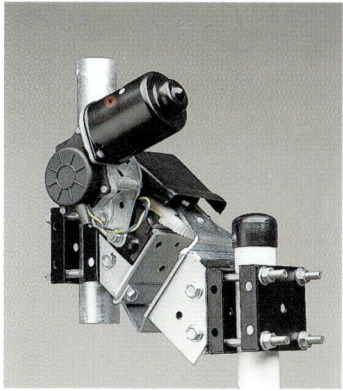

Verwandelt jede Satellitenschüssel in eine Polarmount-Anlage: der H & H Satwalker

gen zeigt sich die Polarmount ausgesprochen zukunftssicher: je nach Notwendigkeit reicht der Austausch des LNB, um die Anlage neuen technischen Entwicklungen anzupassen. Denn neue Satelliten fährt die Polarmount – sorgfältige Einstellung vorausgesetzt – nach dem Justagelauf genau so souverän an wie die schon heute positionierten Himmelssender. Diese universelle Funktionalität hat ihren Preis. Doch wer sicher ist, daß der Reiz des Neuen von der Faszination eines internationalen Mediums abgelöst wird, der bekommt mit einer Drehanlage grenzenlosen Satellitenspaß.

Verbreitete Satellitenprogramme auf Astra

Stand: 1. Mai 1996

Programm Frequenz [GHz]	Polari-sation	Sende-norm	Tonunterträger / Frequenzen	Land / Sprache		
Astra 1 D						
Nickelodeon / Arte 10,714	H	PAL	S 7,02 / 7,20 deutsch M 7,38 französisch (nur Arte)	D/F	Stereo	VT
CNBC Super Channel 10,729	V	PAL	S 7,02 / 7,20 englisch M 7,38 holländisch, M 7,56 deutsch	verschiedene	Stereo	
Veronica 10,744	H	PAL	S 7,02 / 7,20	NL	Stereo	VT
RTL 4 10,759	V	PAL	S 7,02 / 7,20	verschiedene / NL	Stereo	VT
SBS 6 10,773	H	PAL	M 6,50 S 7,02 / 7,20	NL	Stereo	VT
Zee TV / Chinese Channel 10,788	V	PAL/Nagravision	M 6,50 S 7,02 / 7,20	verschiedene	Stereo	
Teleclub 10,803	H	Nagravision	M 6,50 S 7,02 / 7,20	D	Stereo	
10,818	V					
SES Infovideo 10,832	H	PAL	S 7,02 / 7,20 englisch M 7,38 deutsch, M 7,56 französisch	verschiedene	Stereo	
multiThématiques 10,847	V	PAL	S 7,02 / 7,20	D	Stereo	
10,862	H					
Racing Ch. / Sky Movies 10,877	V	PAL	M 6,50 S 7,02 / 7,20	GB	Stereo	VT
10,891	H					
H.O.T. 10,906	V	PAL	S 7,02 / 7,20	D	Stereo	VT
FilmNet / Adult Ch. 10,921	H	PAL	M 6,50 S 7,02 / 7,20	verschiedene	Stereo	VT
RTL 5 10,936	V	PAL	M 6,50 S 7,02 / 7,20	NL	Stereo	VT
Astra 1 C						
ZDF 10,964	H	PAL 16:9	S 7,02 / 7,20	D	Stereo	VT
UK Living / TVX 10,979	V	PAL	M 6,50 S 7,02 / 7,20	GB	Stereo	VT
Childrens Channel / Family Channel 10,994	H	PAL	M 6,50 S 7,02 / 7,20	GB	Stereo	
Mini Max 11,009	V	Nagravision	M 6,50 S 7,02 / 7,20	E	Stereo	
Cartoon Network / TNT 11,023	H	PAL	M 6,50 – S 7,02 / 7,20 7,38 französisch, 7,56 norweg./schwed.	verschiedene	Stereo	VT
QVC 11,038	V	PAL	M 6,50 S 7,02 / 7,20	GB	Stereo	VT
WDR 3 11,053	H	PAL	S 7,02 / 7,20	D	Stereo	VT
Cine Classic 111,068	V	Nagravision	M 6,50 S 7,02 / 7,20	E	Stereo	
Discovery Channel / Learning Channel 11,082	H	PAL	M 6,50 S 7,02 / 7,20	GB	Stereo	VT
EBN / Bravo / Playboy Channel 11,097	V	PAL	M 6,50 S 7,02 / 7,20	GB	Stereo	
MDR 3 11,112	H	PAL	S 7,02 / 7,20	D	Stereo	VT
Galavision 11,127	V	PAL	S 7,02 / 7,20	E	Stereo	
BR 3 11,141	H	PAL 16:9	S 7,02 / 7,20	D	Stereo	VT
Nickelodeon / Paramount Channel 11,156	V	PAL	M 6,50 S 7,02 / 7,20	GB	Stereo	VT
Sky Sports / Sky Travel / Sci-Fi u.a. 11,171	H	PAL	M 6,50 S 7,02 / 7,20	GB	Stereo	VT
Südwest 3 11,186	V	PAL 16:9	S 7,02 / 7,20	D	Stereo	VT

Programm Frequenz [GHz]	Polari- sation	Sende- norm	Tonunterträger / Frequenzen	Land Sprache		
RTL 2 11,214	H	PAL	M 6,50 S 7,02 / 7,20	D	Stereo	VT
RTL 11,229	V	PAL	M 6,50 S 7,02 / 7,20	D	Stereo	VT
TV 3 (Schweden) 11,244	H	D2-MAC	digital	verschiedene		VT
Eurosport / Q-TV 11,259	V	PAL	M 6,50 u. 7,02 englisch, M 7,20 deutsch verschiedene M 7,56 spanisch M 7,38 holländisch			VT
Vox 11,273	H	PAL	M 6,50 S 7,02 / 7,20	D	Stereo	VT
SAT 1 11,288	V	PAL	M 6,50 S 7,02 / 7,20	D	Stereo	VT
TV 1000 11,303	H	D2-MAC 16:9	digital	verschiedene		
Sky One 11,318	V	PAL	M 6,50 S 7,02 / 7,20	GB	Stereo	VT
Kabel 1 11,332	H	PAL	S 7,02 / 7,20	D	Stereo	
3sat 11,347	V	PAL 16:9	M 6,50 S 7,02 / 7,20	D	Stereo	VT
FilmNet 11,362	H	D2-MAC	digital	verschiedene		VT
Sky News 11,377	V	PAL	M 6,50 S 7,02 / 7,20	GB	Stereo	VT
Super RTL 11,391	H	PAL	S 7,02 / 7,20	D	Stereo	
Pro Sieben 11,406	V	PAL	M 6,50 S 7,02 / 7,20	D	Stereo	VT
MTV Europe 11,421	H	PAL	M 6,50 S 7,02 / 7,20	GB	Stereo	VT
Sky Movies 11,436	V	PAL	M 6,50 S 7,02 / 7,20	GB	Stereo	VT

Astra 1 A

Programm Frequenz [GHz]	Polari- sation	Sende- norm	Tonunterträger / Frequenzen	Land Sprache		
Premiere 11,464	H	Nagravision 16:9	M 6,50 S 7,02 / 7,20	D	Stereo	VT
Movie Channel 11,479	V	PAL	M 6,50 S 7,02 / 7,20	GB	Stereo	VT
ARD 11,494	H	PAL 16:9	S 7,02 / 7,20	D	Stereo	VT
Sky Sports 11,509	V	PAL	M 6,50 S 7,02 / 7,20	GB	Stereo	VT
DSF 11,523	H	PAL	M 6,50 S 7,02 / 7,20	D	Stereo	VT
VH 1 11,538	V	PAL	M 6,50 S 7,02 / 7,20	GB	Stereo	VT
UK Gold 11,553	H	PAL	M 6,50 S 7,02 / 7,20	GB	Stereo	VT
JSTV / CMT Europe 11,568	V	PAL	M 6,50 S 7,02 / 7,20	J / GB	Stereo	
Nord 3 11,582	H	PAL	M 6,50 S 7,02 / 7,20	D	Stereo	VT
Disney Channel / Sky Movies Gold 11,597	V	PAL	M 6,50 S 7,02 / 7,20	GB	Stereo	VT
TV 3 Dänemark 11,612	H	D2-MAC	digital	verschiedene	Stereo	VT
CNN International 11,627	V	PAL	M 6,50 S 7,02 / 7,20	USA	Stereo	VT
n-tv 11,641	H	PAL	S 7,02 / 7,20	D	Stereo	
Cinemania 11,656	V	Nagravision	M 6,50 S 7,02 / 7,20	E	Stereo	
TV 3 Norwegen 11,671	H	D2-MAC	digital	verschiedene		VT
Documania 11,686	V	Nagravision	M 6,50 S 7,02 / 7,20	E	Stereo	
SuperSport 11,720	H	D2-MAC	digital	verschiedene		
11,739	V					

Astra 1 B

verschlüsselt M = Mono, S = Stereo, VT = Videotext. Den aktuellen Belegungsplan finden Sie in der Fachzeitschrift »InfoSat«

Bezugsadressen

Amstrad GmbH
Robert-Koch-Straße 9
64331 Weiterstadt

Ankaro
Otto Wolf KG
Auf der Höhe 8
44536 Lünen

Astro
Strobel GmbH
Olefant 1-3
Postfach 10 05 57
51427 Bergisch-Gladbach

Conrad Electronic GmbH
Klaus-Conrad-Str. 1
92240 Hirschau

dnt GmbH
Waldstraße 57
63128 Dietzenbach

Grundig AG
Beuthenerstraße 41
90471 Nürnberg

Huth Communications
Hans-Steif-Straße 2
63628 Bad Soden-
Salzmünster

Lenco
Messerschmittstraße 43
89231 Neu-Ulm

MWC
Micro Wave Components
Brunnenstraße 33
53357 Alfer/Bonn

Pace Distribution
Neusser Str. 17
80807 München

Quadral GmbH
Am Herrenhäuser
Bahnhof 26-30
30419 Hannover

Sony Deutschland
Hugo-Eckener-Straße 20
50829 Köln

Spaun electronic
Byk-Gulden-Straße 22
78224 Singen

Technisat
Postfach 560
54550 Daun

*Wir danken allen Firmen
für ihre freundliche Unter-
stützung!*

Literatur

Freyer, Ulrich:
Radio- und Fernsehempfang
über Satellit und Kabel
Franzis-Verlag
München 1994

Kriebel, Henning:
Satellitenempfang.
Jahrbuch 95/96,
Kriebel Verlag,
Finning 1995

Krieg, Bernhard:
Technik des Satelliten-
empfangs. Fernsehen –
Hörfunk – Wetter
Elektor-Verlag
Aachen – Gangelt 1994

Thurl, W. / Ilsanker, A.:
Antennen für den Satelliten-
empfang, 2. Auflage
Franzis-Verlag
München 1993

Fach-Zeitschriften:

»Info-Sat«
Deutscher Vertrieb: Infosat
Verlag und Werbe GmbH,
Postfach 520, 54541 Daun

»Tele Satellite« (deutsch)
Kunden-Service:
Susanne Pillich,
Silheimer Str. 6a,
89278 Nersingen

Register

Im FALKEN Verlag sind zahlreiche Titel zum Thema „Do it yourself" erschienen.
Sie sind überall erhältlich, wo es Bücher gibt.
Sie finden uns im Internet: **www.falken.de**

Dieses Buch wurde auf chlorfrei gebleichtem und säurefreiem Papier gedruckt.

ISBN 3 8068 1359 0

© 1999 by Falken-Verlag GmbH, 65527 Niedernhausen/Ts.
Die Verwertung der Texte und Bilder, auch auszugsweise, ist ohne Zustimmung des Verlags
urheberrechtswidrig und strafbar. Dies gilt auch für Vervielfältigungen, Übersetzungen, Mikro-
verfilmung und für die Verarbeitung mit elektronischen Systemen.

Titelbild: Lutz Reinecke, Hannover
Umschlaggestaltung: Andreas Jacobsen
Redaktion: Konrad Haase
Fotos: Lutz Reinecke, Hannover, mit Ausnahme von S. 5: **Usis;** S. 9, 10: **Keystone Pressedienst;**
S. 14: **US Information Agency**
Zeichnungen: Ulrich Hilgefort, Hannover, mit Ausnahme von S. 6, 7 u., 8, 11, 17, 19, 24, 25, 28,
31: **Stefan Bachmann,** Wächtersbach

Die Ratschläge in diesem Buch sind vom Autor und vom Verlag sorgfältig erwogen und geprüft,
dennoch kann eine Garantie nicht übernommen werden. Eine Haftung des Autors bzw. des Verlags
und seiner Beauftragten für Personen-, Sach- und Vermögensschäden ist ausgeschlossen.

Redaktionelle Betreuung, Umbruch und Satz: FROMM MediaDesign GmbH, Selters/Ts.
Druck: Ernst Uhl, Radolfzell